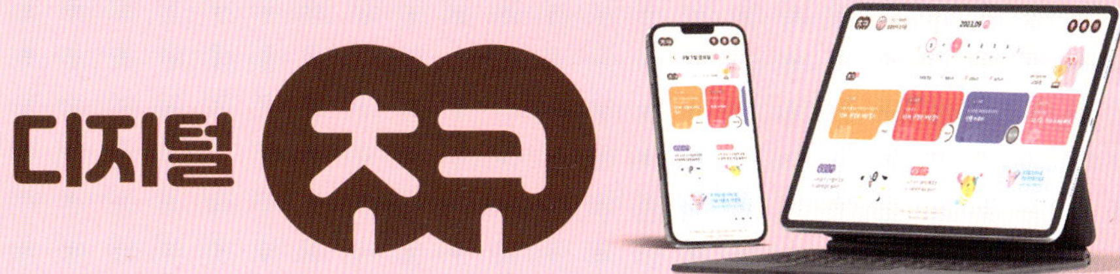

첫 달 100원
무제한 스터디밍

지금 신규 가입하면
첫 달 9,500원 → 100원!

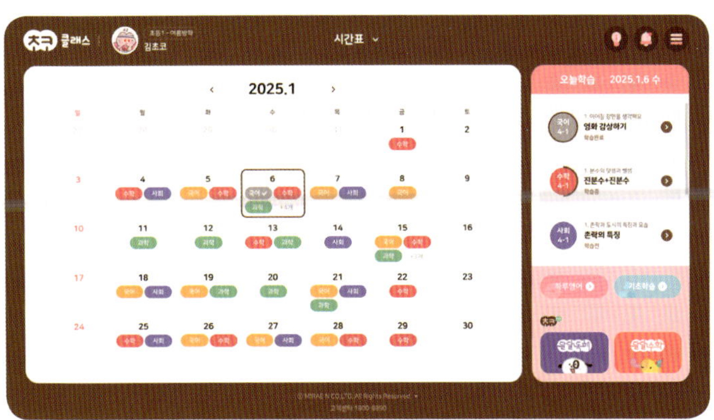

초등 전과목 교과 학습

국어·수학·사회·과학·영어 전과목 교과 학습입니다. 교과 커리큘럼에 따라 과목별 시간표를 제공하여, 초등 핵심 개념을 빈틈없이 학습할 수 있어요. 교과서 발행부수 1위 기업 미래엔의 노하우를 담은 과목별 콘텐츠와 직접 말하고 참여하는 인터랙티브 학습으로 효과적인 초등 코어 학습 시스템을 제공합니다.

달달독해 — AI 문해력 강화 솔루션

아이의 독해력과 독서 성향을 파악하여 AI가 딱 맞는 주제와 난이도의 학습을 추천합니다. 어휘-배경지식-지문 3단계 독해 학습으로 수능까지 대비할 수 있습니다.

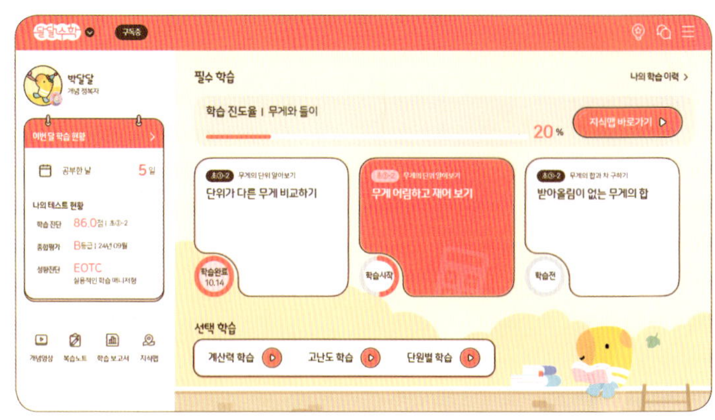

달달수학 — AI 수학 실력 향상 프로그램

수학 학습 성취도 및 성향 분석으로 영역별 강, 약점을 파악하고, 아이의 학습 과정을 실시간으로 분석해 최적의 맞춤 학습을 제공하여, 수학 실력을 향상시킬 수 있습니다.

※첫 달 100원 프로모션은 당사의 사정에 따라 예고 없이 종료될 수 있습니다.

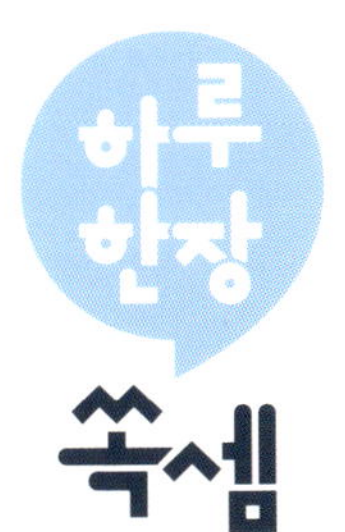

바른답

6권 (3학년 2학기)

1주 1일차
❶ 올림이 없는 (세 자리 수)×(한 자리 수)(1)

1 248		**4** 226		**7** 604	
2 603		**5** 282		**8** 842	
3 936		**6** 888		**9** 996	

10 626		**15** 663		**20** 268	
11 288		**16** 844		**21** 555	
12 884		**17** 242		**22** 622	
13 393		**18** 646		**23** 488	
14 480		**19** 693		**24** 860	

25 482		**32** 624
26 993		**33** 699
27 822		**34** 246
28 484		**35** 804
29 286		**36** 686
30 909		**37** 999
31 484		

연산놀이터 답

풀이
- 212×4=848
- 413×2=826
- 111×7=777
- 323×3=969

1주 2일차
❷ 올림이 없는 (세 자리 수)×(한 자리 수)(2)

1 888		**5** 669		**9** 228	
2 402		**6** 888		**10** 696	
3 939		**7** 684		**11** 808	
4 844		**8** 868		**12** 999	

13 200		**18** 363		**23** 284	
14 366		**19** 462		**24** 339	
15 660		**20** 844		**25** 864	
16 640		**21** 666		**26** 840	
17 848		**22** 963		**27** 822	
				28 609	
				29 668	

30 606		**34** 448
31 664		**35** 804
32 399		**36** 960
33 846		**37** 488

연산⁺

213, 3 / 213, 3, 639　답 639

연산놀이터 답 송수연

풀이
① 204×2=408 → 송
② 311×3=933 → 수
③ 433×2=866 → 연
따라서 도둑의 이름은 송수연입니다.

❸ 올림이 한 번 있는
(세 자리 수)×(한 자리 수)(1)

1	590	3	756	5	1264
2	672	4	388	6	1642

7	472	12	546	17	962
8	492	13	872	18	1082
9	546	14	595	19	560
10	788	15	986	20	927
11	1026	16	2139	21	1684

22	450	29	1082
23	789	30	846
24	964	31	816
25	272	32	1446
26	753	33	472
27	1068		
28	1262		

연산 놀이터   답

풀이 · 137×2=274 · 293×3=879
· 453×2=906 · 411×5=2055

❹ 올림이 한 번 있는
(세 자리 수)×(한 자리 수)(2)

1	378	5	928	9	470
2	566	6	987	10	381
3	846	7	1608	11	846
4	1884	8	904	12	1086

13	963	18	276	23	1088
14	1866	19	926	24	720
15	924	20	549	25	1664
16	688	21	476	26	634
17	2808	22	2769	27	728
				28	816
				29	2493

30	684 / 2799	34	870
31	860 / 652	35	4555
32	1263 / 968	36	351
33	1593 / 298	37	1284

연산⁺

301, 7 / 301, 7, 2107   답 2107

연산 놀이터   답 지환

풀이 [해민] 273×3=819
[지환] 139×2=278

해민이의 놀이판   지환이의 놀이판

따라서 빙고 놀이에서 이긴 사람은 지환
입니다.

❺ 올림이 여러 번 있는
(세 자리 수)×(한 자리 수)(1)

1	680	4	1432	7	796
2	994	5	1728	8	2790
3	711	6	918	9	4716

10	628	15	1944	20	777
11	716	16	735	21	1188
12	1185	17	938	22	2211
13	1092	18	552	23	2058
14	1947	19	1112	24	744

25	815	32	770
26	516	33	940
27	1828	34	738
28	4914	35	932
29	2292	36	2052
30	438	37	6120
31	916		

연산 놀이터　답

풀이　[가로 열쇠]

㉠ $884 \times 7 = 6188$

㉡ $516 \times 9 = 4644$

㉢ $178 \times 4 = 712$

[세로 열쇠]

㉣ $726 \times 5 = 3630$

㉤ $158 \times 6 = 948$

㉥ $243 \times 8 = 1944$

❻ 올림이 여러 번 있는
(세 자리 수)×(한 자리 수)(2)

1	1276	5	2256	9	2365
2	738	6	374	10	537
3	2555	7	882	11	8496
4	970	8	3474	12	2900

13	3260	18	2592	23	534
14	2368	19	2202	24	1940
15	1178	20	3206	25	954
16	2443	21	1326	26	1191
17	3884	22	4130	27	2360
				28	6888
				29	4032

30	1290, 1032, 2064	34	3255
31	4410, 1470, 5145	35	4824
32	1716, 3003, 1287	36	3088
33	1246, 712, 1602	37	5664

연산⁺

967, 4 / 967, 4, 3868　답 3868

연산 놀이터　답

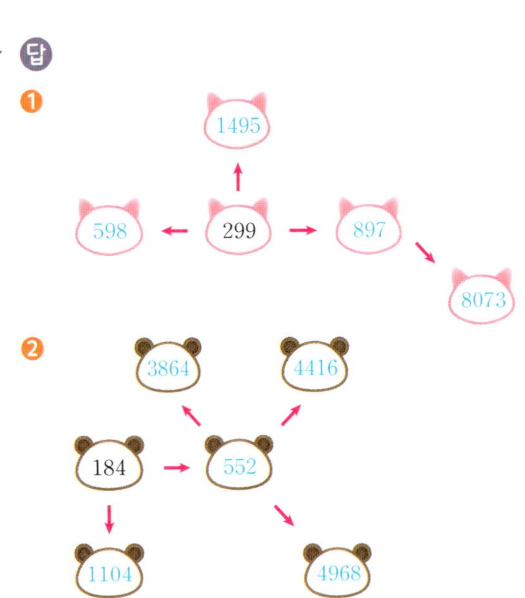

1	800	**3**	600	**5**	1290
2	900	**4**	340	**6**	1360

7	1600	**12**	5400	**17**	2040
8	1500	**13**	840	**18**	3600
9	240	**14**	3000	**19**	1440
10	750	**15**	480	**20**	1800
11	700	**16**	930	**21**	1960

22 4200	**29** (위에서부터) 2400 / 1200
23 2400	**30** (위에서부터) 1750 / 1250
24 3200	**31** (위에서부터) 1720 / 860
25 2880	**32** (위에서부터) 450 / 1200
26 1500	
27 320	
28 960	

답 2286

풀이
① $40 \times 50 = \underline{2}000 \rightarrow 2$
② $33 \times 40 = 13\underline{2}0 \rightarrow 2$
③ $90 \times 20 = 1\underline{8}00 \rightarrow 8$
④ $27 \times 60 = 16\underline{2}0 \rightarrow 6$
따라서 비밀번호는 2286입니다.

1	2100	**4**	1200	**7**	2960
2	5400	**5**	2700	**8**	2670
3	1680	**6**	2600	**9**	1040

10	3600	**15**	1120	**20**	4000
11	1410	**16**	1820	**21**	8100
12	4560	**17**	2080	**22**	2580
13	1520	**18**	1350	**23**	1050
14	1920	**19**	3440	**24**	2750
				25	3240
				26	1300

27	1460	**31**	2340
28	2030	**32**	5160
29	3500	**33**	2430
30	1710	**34**	4880

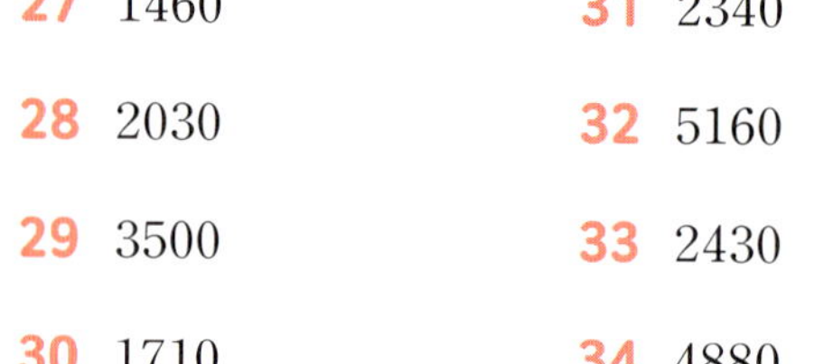

25, 20 / 25, 20, 500 **답** 500

답

풀이
· $50 \times 50 = 2500 \rightarrow$ 무
· $39 \times 60 = 2340 \rightarrow$ 가
· $72 \times 40 = 2880 \rightarrow$ 번
· $11 \times 80 = 880 \rightarrow$ 넘
· $86 \times 30 = 2580 \rightarrow$ 안

1 96	**3** 248	**5** 220
2 108	**4** 190	**6** 162

7 76	**12** 336	**17** 84
8 50	**13** 318	**18** 96
9 156	**14** 282	**19** 315
10 205	**15** 232	**20** 444
11 306	**16** 300	**21** 198
		22 290
		23 171

24 128	**28** 267 / 371
25 112	**29** 296 / 108
26 144	**30** 423 / 310
27 285	**31** 752 / 450

 연산⁺

9, 28 / 9, 28, 252 답 252

 연산 놀이터 답

풀이 · 2×93＝186 · 8×25＝200
· 7×46＝322 · 4×89＝356
· 9×32＝288

1 372	**3** 294	**5** 504
2 529	**4** 704	**6** 979

7 154	**12** 517	**17** 672
8 273	**13** 384	**18** 121
9 169	**14** 583	**19** 288
10 504	**15** 792	**20** 516
11 308	**16** 176	**21** 968
		22 561
		23 693

24 231	**28** 286
25 156	**29** 492
26 726	**30** 408
27 165	**31** 484

 연산⁺

12, 23 / 12, 23, 276 답 276

 연산 놀이터 답 (위에서부터) ㄴ / ㅂ / ㅅ / ㅋ

풀이 [윗옷] 13×31＝403 → ㄴ
[아래옷] 39×11＝429 → ㅂ
[신발] 12×24＝288 → ㅅ
[모자] 21×21＝441 → ㅋ

1	192	3	976	5	615
2	552	4	546	6	819

7	216	12	837	17	238
8	325	13	888	18	552
9	966	14	987	19	648
10	868	15	689	20	966
11	676	16	442	21	779

22	300	29	966
23	676	30	837
24	336	31	180
25	552	32	989
26	864	33	656
27	915		
28	768		

연산 놀이터　답

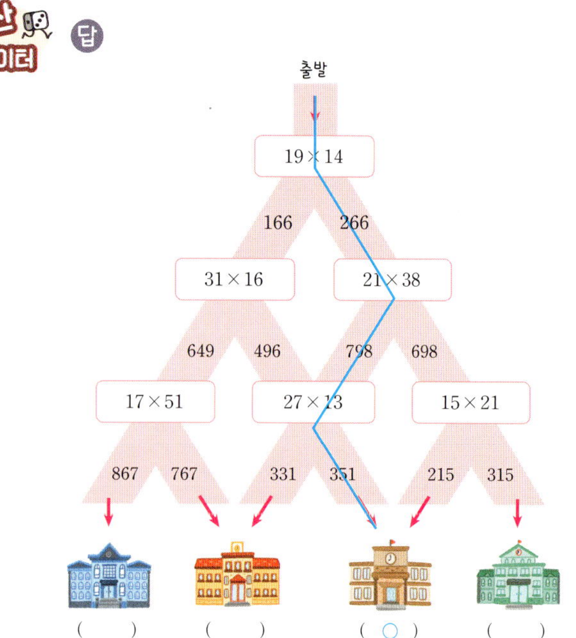

1	868	3	738	5	1209
2	806	4	552	6	5751

7	867	12	1643	17	1581
8	1722	13	455	18	728
9	2091	14	1159	19	1209
10	1932	15	775	20	1128
11	4941	16	1643	21	1029
				22	2511
				23	3731

24	1922	28	1088
25	1107	29	1008
26	1029	30	559
27	2821	31	768

연산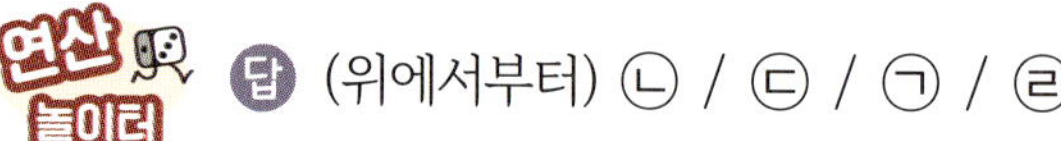

31, 35 / 31, 35, 1085　답 1085

연산 놀이터　답 (위에서부터) ㉡ / ㉢ / ㉠ / ㉣

풀이
- $61 \times 31 = 1891 \rightarrow$ ㉡
- $84 \times 12 = 1008 \rightarrow$ ㉢
- $41 \times 29 = 1189 \rightarrow$ ㉠
- $18 \times 15 = 270 \rightarrow$ ㉣

1	400	3	1357	5	2048
2	901	4	1200	6	2814

7	3034	12	2772	17	2100
8	2744	13	2400	18	4956
9	1200	14	4346	19	1295
10	4884	15	2068	20	1232
11	2014	16	3182	21	2808

22	1665	29	612
23	1794	30	1824
24	2184	31	1406
25	2436	32	4802
26	2125	33	4836
27	2944	34	3894
28	3796		

 연산 놀이터 답

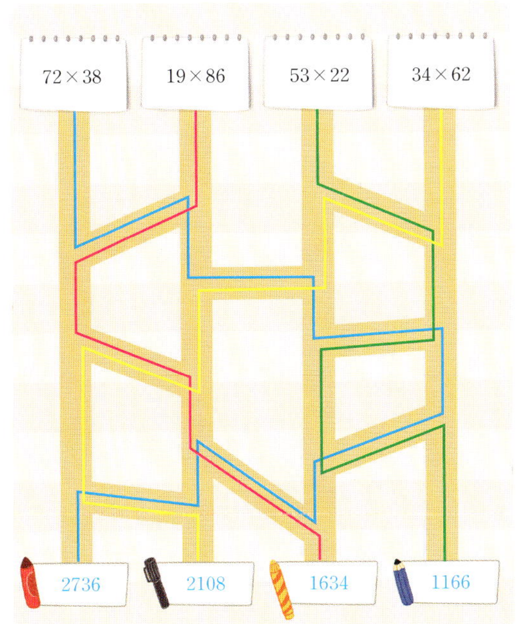

풀이 · 72×38＝2736 · 19×86＝1634
· 53×22＝1166 · 34×62＝2108

1	1105	3	3290	5	3526
2	1672	4	1400	6	3577

7	1944	12	6365	17	1050
8	2664	13	3432	18	1242
9	3198	14	2144	19	1804
10	1422	15	2300	20	2332
11	2835	16	1947	21	2886
				22	4278
				23	3515

24	2052 / 1102	27	8742
25	2752 / 6450	28	1512
26	2115 / 4185	29	2691

연산⁺ 42, 55 / 42, 55, 2310 답 2310

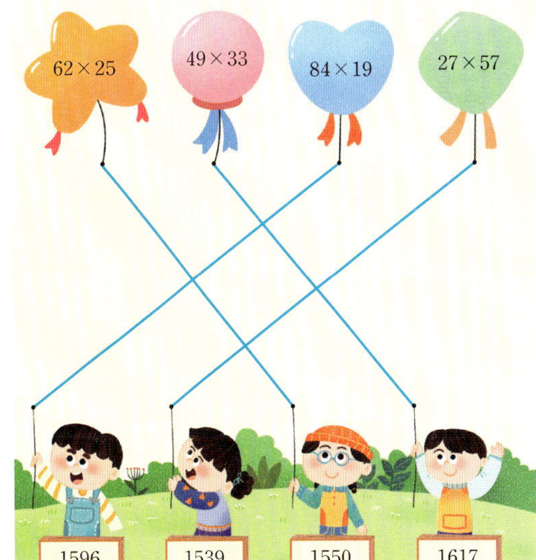 연산 놀이터 답

풀이 · 62×25＝1550 · 49×33＝1617
· 84×19＝1596 · 27×57＝1539

1	2, 468	**2**	4, 464	**3**	642
4	3162	**5**	3700	**6**	286
7	814	**8**	1540	**9**	636
10	1416	**11**	5337	**12**	4800
13	3720	**14**	455	**15**	697
16	6636	**17**	3348	**18**	606
19	672	**20**	750	**21**	1387
22	568	**23**	5896	**24**	6300
25	275		**26**	8064 / 1008	
27	2655 / 1357	**28**	2847 / 4745		
29	2376 / 1419				

30 (　　) (○) (　　)

31 2370　　**32** <　　**33** 어, 머, 니

34 $141 \times 7 = 987$ / 987개

35 $398 \times 4 = 1592$ / 1592대

36 $50 \times 29 = 1450$ / 1450원

37 $36 \times 74 = 2664$ / 2664명

31 395 > 80 > 6 ➡ $395 \times 6 = 2370$

32 $53 \times 23 = 1219$, $37 \times 35 = 1295$
➡ 1219 < 1295

33 $48 \times 90 = 4320$ ➡ 어, $13 \times 82 = 1066$ ➡ 머,
$57 \times 66 = 3762$ ➡ 니

34 (일주일 동안 만들 수 있는 곰 인형 수)
＝(하루에 만드는 곰 인형 수)×(날수)
＝$141 \times 7 = 987$(개)

35 (4일 동안 출발하는 버스 수)
＝(하루에 출발하는 버스 수)×(날수)
＝$398 \times 4 = 1592$(대)

36 (보현이가 낸 돈)＝$50 \times 29 = 1450$(원)

37 (하루 동안 케이블카를 탈 수 있는 사람 수)
＝$36 \times 74 = 2664$(명)

4주 1일차　❶ (몇십)÷(몇)

1	10 / 10			**3**	30 / 30
2	25			**4**	15

5	10	**11**	10	**17**	10
6	40	**12**	12	**18**	10
7	30	**13**	18	**19**	20
8	10	**14**	15	**20**	30
9	15	**15**	45	**21**	10
10	14	**16**	20	**22**	25
				23	15

24	35	**27**	20
25	40	**28**	20
26	18	**29**	15
		30	10

연산
80, 5 / 80, 5, 16　**답** 16

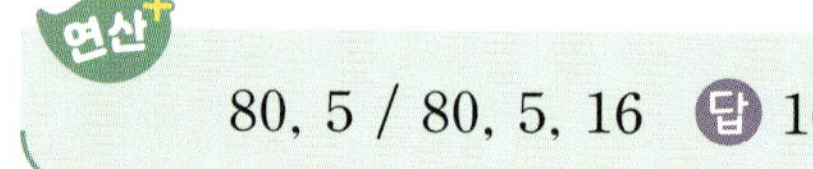

연산
놀이터
답 보경

풀이 [동원] $60 \div 5 = 12$
[보경] $90 \div 3 = 30$

동원이의 놀이판

보경이의 놀이판

따라서 빙고 놀이에서 이긴 사람은 보경
입니다.

1	21	3	23	5	11
2	11	4	12	6	32

7	14	13	23	19	22
8	31	14	42	20	12
9	12	15	23	21	22
10	11	16	22	22	24
11	41	17	13	23	11
12	12	18	21	24	34

25	13	32	33
26	32	33	21
27	22	34	31
28	32	35	41
29	31	36	23
30	11	37	43
31	21		

 답 정은주

풀이
① $84 \div 4 = 21 \rightarrow$ 정
② $62 \div 2 = 31 \rightarrow$ 은
③ $96 \div 3 = 32 \rightarrow$ 주
따라서 도둑의 이름은 정은주입니다.

1	23	3	14	5	32
2	11	4	21	6	31

7	22	13	13	19	12
8	24	14	32	20	11
9	22	15	13	21	12
10	21	16	11	22	34
11	22	17	44	23	23
12	42	18	21	24	33
				25	21

26	31	30	11
27	12	31	32
28	21	32	33
29	23	33	43

 연산

63, 3 / 63, 3, 21 답 21

 답 (위에서부터) ㄴ, ㄹ / ㄱ, ㄷ

풀이
[새연] $62 \div 2 = 31 \rightarrow$ ㄴ
[재현] $96 \div 3 = 32 \rightarrow$ ㄹ
[예원] $88 \div 8 = 11 \rightarrow$ ㄱ
[민성] $48 \div 2 = 24 \rightarrow$ ㄷ

1	24	3	12	5	15
2	13	4	13	6	29

7	13	13	46	19	18
8	24	14	17	20	18
9	28	15	38	21	17
10	16	16	13	22	15
11	16	17	16	23	19
12	25	18	23	24	17

25	26	32	23
26	14	33	14
27	19	34	37
28	12	35	27
29	27	36	13
30	46	37	14
31	17		

1	16	3	49	5	17
2	12	4	24	6	28

7	19	13	19	19	13
8	25	14	12	20	13
9	23	15	47	21	19
10	18	16	16	22	27
11	19	17	18	23	24
12	18	18	12	24	27
				25	14

26	13	30	38
27	16	31	29
28	14	32	15
29	13	33	26

연산

85, 5 / 85, 5, 17 답 17

연산놀이터 답

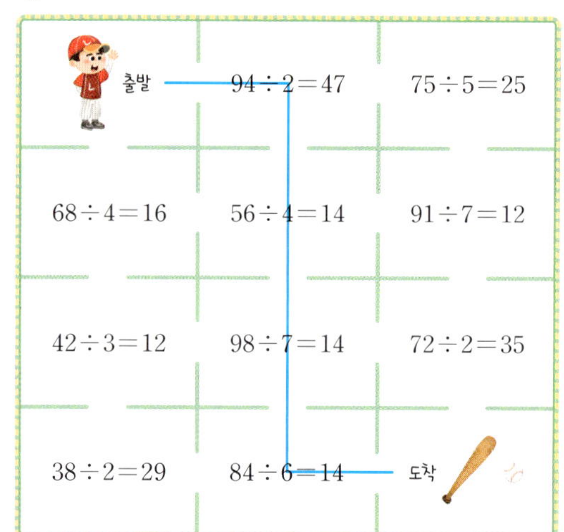

풀이
- 94÷2=47   · 75÷5=15
- 68÷4=17   · 56÷4=14
- 91÷7=13   · 42÷3=14
- 98÷7=14   · 72÷2=36
- 38÷2=19   · 84÷6=14

연산놀이터 답

풀이
- 48÷3=16   · 34÷2=17
- 95÷5=19   · 84÷3=28
- 32÷2=16   · 68÷4=17
- 76÷4=19

❻ 내림이 없고 나머지가 있는
(몇십몇)÷(몇) (1)

1	3…3	3	6…6	5	7…2
2	14…1	4	22…2	6	11…4

7	7…1	13	6…2	19	8…4
8	9…2	14	31…1	20	7…3
9	11…4	15	3…6	21	22…2
10	20…1	16	32…2	22	11…1
11	7…7	17	10…3	23	3…4
12	11…2	18	44…1	24	10…8

25	3…2	32	7, 2 / 6, 4
26	5…4	33	7, 7 / 31, 2
27	11…1	34	4, 4 / 20, 2
28	6…2	35	33, 1 / 8, 3
29	9…3	36	9, 2 / 11, 1
30	11…2		
31	8…6		

연산 놀이터

답 91837655

풀이
- $55 \div 6 = 9 \cdots 1$
- $35 \div 4 = 8 \cdots 3$
- $69 \div 9 = 7 \cdots 6$
- $40 \div 7 = 5 \cdots 5$

따라서 비밀번호는 91837655입니다.

❼ 내림이 없고 나머지가 있는
(몇십몇)÷(몇) (2)

1	2…2	4	5…6	7	7…2
2	4…4	5	6…3	8	8…4
3	8…1	6	9…5	9	9…3

10	3…4	16	10…2	22	3…3
11	7…2	17	4…1	23	11…2
12	8…5	18	9…1	24	8…4
13	14…1	19	11…2	25	9…5
14	11…1	20	6…5	26	30…1
15	5…6	21	21…3	27	8…3
				28	21…1

29	13, 1	33	7, 5
30	12, 2	34	11, 4
31	11, 3	35	9, 7
32	10, 5	36	43, 1

연산⁺

39, 4 / 39, 4, 9, 3 / 9, 3　답 9, 3

연산 놀이터

답 ③

풀이

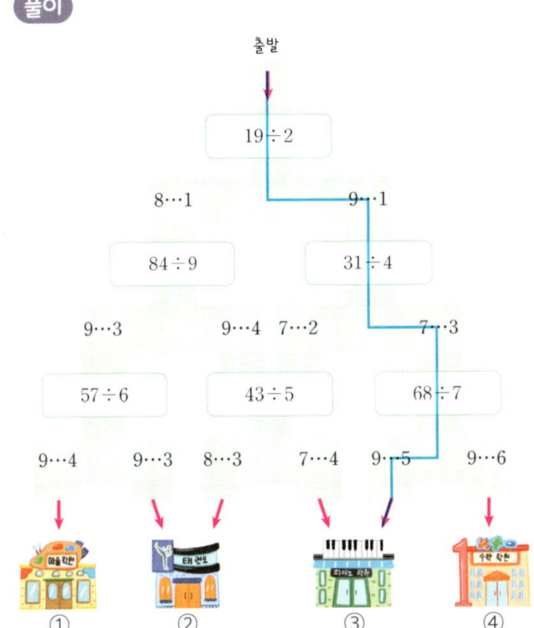

❽ 내림이 있고 나머지가 있는
(몇십몇)÷(몇) (1)

1	18…2	3	18…2	5	12…3
2	16…1	4	16…2	6	11…6

7	17…1	13	16…1	19	13…3
8	16…4	14	13…6	20	27…2
9	26…1	15	25…1	21	14…4
10	12…4	16	23…2	22	37…1
11	17…3	17	12…3	23	17…2
12	12…3	18	26…2	24	11…4

25	15…3	32	12, 5 / 38, 1
26	13…1	33	17, 1 / 13, 4
27	14…2	34	11, 6 / 27, 2
28	15…1	35	14, 2 / 19, 1
29	11…5	36	17, 4 / 14, 5
30	18…1		
31	11…7		

연산 놀이터   답

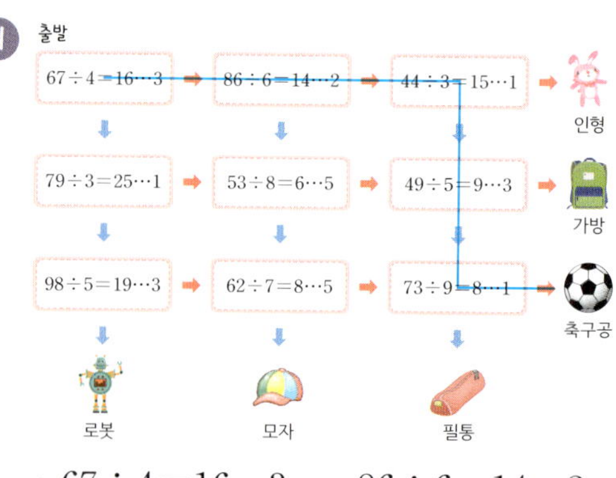

---

❾ 내림이 있고 나머지가 있는
(몇십몇)÷(몇) (2)

1	16…1	3	16…2	5	23…1
2	14…2	4	16…3	6	13…2

7	15…4	13	28…1	19	14…5
8	11…3	14	15…3	20	14…4
9	26…1	15	27…2	21	23…3
10	16…2	16	15…2	22	14…1
11	19…3	17	37…1	23	28…2
12	45…1	18	11…6	24	48…1
				25	13…3

26	25, 2	29	15, 3
27	18, 1	30	13, 4
28	15, 5	31	24, 3

연산⁺

67, 5 / 67, 5, 13, 2 / 13, 2   답 13, 2

연산 놀이터   답 축구공

풀이
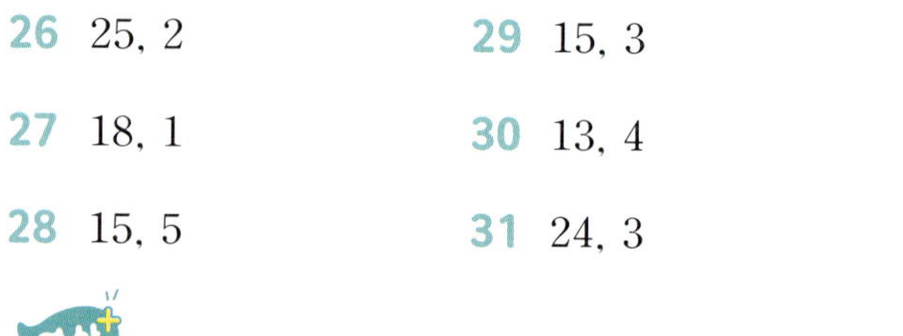

- 67÷4＝16…3
- 86÷6＝14…2
- 44÷3＝14…2
- 79÷3＝26…1
- 53÷8＝6…5
- 49÷5＝9…4
- 98÷5＝19…3
- 62÷7＝8…6
- 73÷9＝8…1

1 100	**3** 300	**5** 200
2 170	**4** 430	**6** 170

7 120	**13** 130	**19** 140
8 130	**14** 270	**20** 160
9 120	**15** 110	**21** 310
10 420	**16** 170	**22** 190
11 120	**17** 120	**23** 110
12 150	**18** 140	**24** 190

25 100	**32** 110
26 160	**33** 160
27 120	**34** 180
28 130	**35** 190
29 110	**36** 120
30 150	**37** 130
31 160	

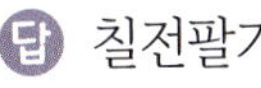 

답 칠전팔기

풀이
① $840 \div 4 = 210$ → 칠
② $720 \div 6 = 120$ → 전
③ $580 \div 2 = 290$ → 팔
④ $900 \div 5 = 180$ → 기
따라서 완성된 사자성어는 '칠전팔기'입니다.

1 55	**3** 53	**5** 52
2 36	**4** 52	**6** 87

7 41	**13** 132	**19** 36
8 44	**14** 112	**20** 81
9 93	**15** 83	**21** 85
10 123	**16** 165	**22** 129
11 83	**17** 97	**23** 127
12 238	**18** 282	**24** 62
		25 339

26 78	**29** (위에서부터) 99 / 148
27 27	**30** (위에서부터) 107 / 43
28 107	**31** (위에서부터) 86 / 123

560, 4 / 560, 4, 140 **답** 140

답

풀이
• $538 \div 2 = 269$ • $925 \div 5 = 185$
• $774 \div 6 = 129$ • $492 \div 4 = 123$

1 34…7	**3** 59…2	**5** 84…3
2 74…6	**4** 82…4	**6** 82…5

7 51…2	**13** 249…1	**19** 40…1
8 99…1	**14** 78…2	**20** 46…2
9 130…1	**15** 100…5	**21** 54…6
10 121…3	**16** 125…4	**22** 130…4
11 298…2	**17** 48…5	**23** 138…3
12 86…6	**18** 213…1	**24** 41…4
		25 104…1

26 47, 5	**29** 301, 2
27 263, 1	**30** 57, 6
28 38, 4	**31** 159, 3
	32 85, 2

495, 4 / 495, 4, 123, 3 / 123, 3

답 123, 3

 답

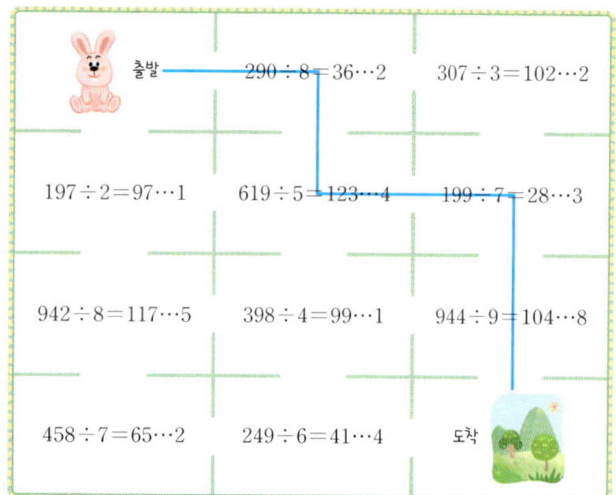

풀이 • 307÷3＝102…1
• 197÷2＝98…1
• 942÷8＝117…6
• 398÷4＝99…2
• 458÷7＝65…3
• 249÷6＝41…3

---

1 10 / 10, 50	**3** 9…2 / 9, 27 / 27, 2
2 12 / 12, 84	**4** 15…1 / 15, 90 / 90, 1

5 14…4 / 14, 70 / 70, 4, 74

6 4…3 / 4, 28 / 28, 3, 31

7 11…4 / 11, 55 / 55, 4, 59

8 25…2 / 25, 75 / 75, 2, 77

9 7…3 / 7, 42 / 42, 3, 45

10 20…3 / 20, 80 / 80, 3, 83

11 6…8 / 6, 54 / 54, 8, 62

12 10…7 / 10, 80 / 80, 7, 87

13 24…2 / 24, 96 / 96, 2, 98

14 13…1 / 13, 91 / 91, 1, 92

---

15 3…1 / 8, 3, 24 / 24, 1, 25

16 87…5 / 7, 87, 609 / 609, 5, 614

17 143…4 / 5, 143, 715 / 715, 4, 719

18 41…3 / 6, 41, 246 / 246, 3, 249

19 14…2 / 4, 14, 56 / 56, 2, 58

20 11…5 / 8, 11, 88 / 88, 5, 93

64, 5 / 64, 5, 12, 4 / 5, 12, 60, 60, 4,
64 / 12, 4 답 12, 4

 답 32층

풀이
• 9×2＝18, 18＋7＝25 → ①: 2, ②: 7
• 7×4＝28, 28＋6＝34 → ③: 4, ④: 6
• 5×13＝65, 65＋4＝69 → ⑤: 5, ⑥: 65
• 3×24＝72, 72＋2＝74 → ⑦: 24, ⑧: 2

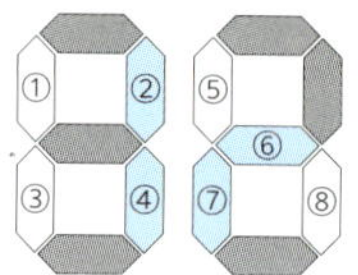

6주 4일차 마무리 연산

1 2, 20   **2** 39, 3, 13   **3** 23

4 36   **5** 9…3   **6** 11…4

7 92   **8** 102…5   **9** 32

10 13   **11** 19   **12** 7…3

13 21…2   **14** 11…6   **15** 121

16 45   **17** 19…7   **18** 15

19 26   **20** 41   **21** 112

22 9, 2 / 3, 6   **23** 10, 4 / 16, 3

24 41, 3 / 65, 1   **25** 118, 2 / 142, 5

26 4…5 / 8, 4, 32 / 32, 5, 37

27 17…4 / 5, 17, 85 / 85, 4, 89

28 25…2 / 3, 25, 75 / 75, 2, 77

29 41…3 / 6, 41, 246 / 246, 3, 249

30 ㉡   **31** (1) (3) (2)

32    **33** 9

   **34** $60 \div 5 = 12$ / 12쪽

35 $96 \div 6 = 16$ / 16줄

36 $38 \div 4 = 9 \cdots 2$ / 9모둠, 2개

37 $220 \div 9 = 24 \cdots 4$ / 24봉지, 4개

30 ㉠ $48 \div 3 = 16$ ㉡ $90 \div 5 = 18$ ㉢ $76 \div 4 = 19$

31 • $100 \div 4 = 25$ • $198 \div 9 = 22$ • $144 \div 6 = 24$
➡ $25 > 24 > 22$

33 • $89 \div 7 = 12 \cdots 5$ • $514 \div 5 = 102 \cdots 4$
➡ $5 + 4 = 9$

34 (위인전의 전체 쪽수)÷(날수)=$60 \div 5 = 12$(쪽)

35 (줄 수)=(전체 학생 수)÷(한 줄에 서는 학생 수)
=$96 \div 6 = 16$(줄)

36 (전체 공 수)÷(모둠 수)=$38 \div 4 = 9 \cdots 2$

37 (전체 마카롱 수)÷(한 봉지에 담는 마카롱 수)
=$220 \div 9 = 24 \cdots 4$

6주 5일차 ❶ 분수로 나타내기

1 4, $\dfrac{1}{4}$

2 5, $\dfrac{3}{5}$

---

3 $\dfrac{1}{5}$ / $\dfrac{2}{5}$ **6** $\dfrac{1}{4}$ / $\dfrac{3}{4}$

4 $\dfrac{1}{3}$ / $\dfrac{2}{3}$ **7** $\dfrac{1}{4}$ / $\dfrac{3}{4}$

5 $\dfrac{1}{5}$ / $\dfrac{2}{5}$ **8** $\dfrac{1}{6}$ / $\dfrac{4}{6}$

---

9 1   **12** 4

10 2   **13** 3

11 4   **14** 3

연산
8 / 8, 5, $\dfrac{5}{8}$ / $\dfrac{5}{8}$ **답** $\dfrac{5}{8}$

연산 놀이터 **답** ㅇ, ㅜ, ㅅ, ㅡ, ㅇ, 우승

풀이 • 18을 3씩 묶으면 15는 18의 $\dfrac{5}{6}$입니다.
→ ①: 5(ㅇ)

• 36을 4씩 묶으면 12는 36의 $\dfrac{3}{9}$입니다.
→ ②: 3(ㅜ), ③: 9(ㅅ)

• 25를 5씩 묶으면 20은 25의 $\dfrac{4}{5}$입니다.
→ ④: 4(ㅡ), ⑤: 5(ㅇ)
따라서 완성된 단어는 우승입니다.

1	2 / 6	**3**	3 / 12
2	2 / 10	**4**	4 / 8

5	8	**12**	12
6	2	**13**	14
7	6	**14**	6
8	5	**15**	24
9	3	**16**	3
10	25	**17**	25
11	16	**18**	32

19	3	**23**	12에 ◯표
20	6	**24**	21에 ◯표
21	24	**25**	30에 ◯표
22	32	**26**	42에 ◯표

$$35, \ \frac{3}{5} \ / \ \frac{3}{5}, \ 21, \ 21 \quad \text{답} \ 21$$

 답 경은

풀이 [범석] 20의 $\frac{2}{4}$ 는 10입니다.

[경은] 48의 $\frac{5}{6}$ 는 40입니다.

따라서 빙고 놀이에서 이긴 사람은 경은입니다.

1	5	**3**	1
2	13	**4**	4

5	$\dfrac{8}{3}$	**13**	$1\dfrac{3}{4}$
6	$\dfrac{17}{4}$	**14**	$3\dfrac{1}{3}$
7	$\dfrac{23}{7}$	**15**	$1\dfrac{7}{8}$
8	$\dfrac{12}{8}$	**16**	$4\dfrac{1}{2}$
9	$\dfrac{13}{5}$	**17**	$4\dfrac{2}{6}$
10	$\dfrac{38}{9}$	**18**	$9\dfrac{2}{3}$
11	$\dfrac{25}{7}$	**19**	$6\dfrac{2}{5}$
12	$\dfrac{17}{6}$	**20**	$6\dfrac{5}{7}$

21	$\dfrac{20}{9}$	**25**	$3\dfrac{6}{7}$
22	$\dfrac{28}{5}$	**26**	$\dfrac{37}{8}$
23	$6\dfrac{1}{2}$	**27**	$7\dfrac{3}{4}$
24	$1\dfrac{3}{6}$	**28**	$\dfrac{11}{3}$

$$\frac{4}{9}, \ \frac{9}{9}, \ \frac{4}{9} \ / \ \frac{13}{9} \quad \text{답} \ \frac{13}{9}$$

 답

1 $\dfrac{7}{3}$에 ○표

2 $\dfrac{12}{10}$에 ○표

3 $\dfrac{13}{5}$에 ○표

4 $6\dfrac{3}{8}$에 ○표

5 $4\dfrac{3}{4}$에 ○표

6 $5\dfrac{8}{9}$에 ○표

7 $<$

8 $<$

9 $>$

10 $<$

11 $>$

12 $<$

13 $<$

14 $>$

15 $<$

16 $>$

17 $<$

18 $>$

19 $>$

20 $<$

21 $>$

22 $<$

23 $>$

24 $>$

25 $\dfrac{12}{7}$

26 $3\dfrac{1}{5}$

27 $\dfrac{7}{4}$

28 $4\dfrac{4}{10}$

29 $1\dfrac{7}{8}$

30 $4\dfrac{5}{6}$

31 $\dfrac{21}{9}$

32 $2\dfrac{1}{13}$

33 $\dfrac{17}{3}$

34 $3\dfrac{10}{11}$

연산 놀이터 답

풀이 · $1\dfrac{5}{6} < 2\dfrac{1}{6}$ · $\dfrac{38}{7} < \dfrac{43}{7}$

· $\dfrac{31}{9} > \dfrac{29}{9}$ · $3\dfrac{2}{4} < 3\dfrac{3}{4}$

1 $\dfrac{10}{4}$에 ○표

2 $\dfrac{17}{8}$에 ○표

3 $1\dfrac{2}{5}$에 ○표

4 $3\dfrac{2}{7}$에 ○표

5 $\dfrac{21}{10}$에 ○표

6 $4\dfrac{1}{7}$에 ○표

7 $3\dfrac{5}{6}$에 ○표

8 $\dfrac{13}{3}$에 ○표

9 $>$

10 $<$

11 $>$

12 $<$

13 $<$

14 $=$

15 $<$

16 $<$

17 $=$

18 $<$

19 $<$

20 $<$

21 $<$

22 $=$

23 $>$

24 $<$

25 $>$

26 $>$

27 $6\dfrac{5}{8}$

28 $\dfrac{25}{4}$

29 $\dfrac{47}{12}$

30 $6\dfrac{2}{5}$

31 $7\dfrac{4}{7}$

32 $\dfrac{62}{11}$

연산

$\dfrac{11}{6}$, $1\dfrac{4}{6}$ / $1\dfrac{5}{6}$, $1\dfrac{5}{6}$, $>$, $1\dfrac{4}{6}$ / 숙제

답 숙제

연산 놀이터 답

1 $\dfrac{4}{5}$ **2** $\dfrac{3}{4}$ **3** 6

4 35 **5** 15 **6** 24

7 $\dfrac{11}{7}$ **8** $2\dfrac{1}{12}$ **9** $3\dfrac{1}{6}$

10 $\dfrac{42}{10}$ **11** $\dfrac{15}{4}$ **12** $4\dfrac{3}{9}$

13 $>$ **14** $<$ **15** $=$

16 $<$ **17** $>$ **18** $=$

19 9에 ◯표 **20** 28에 ◯표

21 $2\dfrac{6}{9}$ **22** $\dfrac{19}{5}$ **23** $\dfrac{38}{6}$

24 $7\dfrac{3}{4}$ **25** $\dfrac{17}{7}$ **26** $\dfrac{73}{8}$

27 $\dfrac{34}{9}$ **28** $\dfrac{55}{8}$ **29** $\dfrac{3}{8}$

30 ㉠ **31** $5\dfrac{8}{9}$ **32** $4\dfrac{3}{6}$

33 $\dfrac{4}{6}$ **34** 21개

35 파란색 테이프 **36** 용택

32 대분수를 가분수로 나타내어 크기를 비교합니다.
$4\dfrac{3}{6}=\dfrac{27}{6}$ 이므로 $\dfrac{27}{6}>\dfrac{25}{6}>\dfrac{23}{6}$ 입니다.
따라서 가장 큰 분수는 $4\dfrac{3}{6}$ 입니다.

33 귤 12개를 2개씩 봉지에 나누어 담으면 6봉지입니다.
누리에게 준 귤은 전체 6봉지 중의 4봉지이므로 전체의 $\dfrac{4}{6}$ 입니다.

34 27개의 $\dfrac{7}{9}$ 은 27을 똑같이 9묶음으로 나눈 것 중의 7묶음이므로 21개입니다.

35 $2\dfrac{6}{11}=\dfrac{28}{11}$ 이므로 $\dfrac{28}{11}>\dfrac{25}{11}$ 입니다.
따라서 파란색 테이프의 길이가 더 짧습니다.

36 $\dfrac{22}{15}$ 를 대분수로 나타내면 $1\dfrac{7}{15}$ 입니다.
$1\dfrac{7}{15}$, $2\dfrac{1}{15}$ 의 자연수의 크기를 비교하면 $1<2$ 이므로 $1\dfrac{7}{15}<2\dfrac{1}{15}$ 입니다. ➡ 용택

8주 1일차 ❶ 들이의 합

1 3, 900 **4** 7, 100

2 4, 800 **5** 7, 300

3 5, 450 **6** 9, 400

7 6 L 700 mL **13** 2 L 900 mL

8 9 L 850 mL **14** 5 L 300 mL

9 4 L 900 mL **15** 7 L 300 mL

10 7 L 500 mL **16** 4 L 200 mL

11 10 L 550 mL **17** 7 L 150 mL

12 13 L 300 mL **18** 9 L 200 mL

19 12 L 500 mL

20 8 L 750 mL **23** 8 L 220 mL

21 7 L 200 mL **24** 13 L 340 mL

22 9 L 380 mL **25** 14 L 450 mL

연산⁺
2, 600, 1, 500 / 2, 600, 1, 500 /
4, 100 답 4, 100

연산 놀이터

답 유수진

풀이 [김] 7 L 600 mL＋5 L 900 mL
$\quad$ ＝13 L 500 mL
[수] 3 L 400 mL＋9 L 200 mL
$\quad$ ＝12 L 600 mL → ②
[이] 6 L 500 mL＋6 L 450 mL
$\quad$ ＝12 L 950 mL
[유] 4 L 750 mL＋8 L 800 mL
$\quad$ ＝13 L 550 mL → ①
[진] 5 L 900 mL＋7 L 250 mL
$\quad$ ＝13 L 150 mL → ③
따라서 도둑의 이름은 유수진입니다.

1 1, 600
4 2, 700
2 3, 800
5 3, 900
3 4, 400
6 3, 600

7 2 L 100 mL
13 5 L 200 mL
8 3 L 250 mL
14 1 L 600 mL
9 3 L 800 mL
15 3 L 400 mL
10 4 L 200 mL
16 5 L 400 mL
11 3 L 850 mL
17 6 L 350 mL
12 8 L 850 mL
18 7 L 650 mL
19 4 L 450 mL

20 3 L 450 mL
23 2 L 970 mL
21 3 L 700 mL
24 1 L 680 mL
22 9 L 650 mL
25 7 L 630 mL

3, 200, 1, 500 / 3, 200, 1, 500 / 1, 700 답 1, 700

답 1 L 900 mL

풀이 (아빠가 필요한 물의 양)
　　＝3 L 200 mL－1 L 900 mL
　　＝1 L 300 mL
　　(엄마가 필요한 물의 양)
　　＝2 L 300 mL－1 L 700 mL
　　＝600 mL
　　(도영이가 떠 와야 하는 물의 양)
　　＝1 L 300 mL＋600 mL
　　＝1 L 900 mL

1 4, 400
4 3, 850
2 8, 900
5 9, 300
3 9, 500
6 9, 700

7 2 kg 700 g
13 3 kg 400 g
8 5 kg 500 g
14 7 kg 900 g
9 5 kg 950 g
15 6 kg 650 g
10 9 kg 200 g
16 6 kg 400 g
11 9 kg 500 g
17 10 kg 100 g
12 11 kg 600 g
18 13 kg 450 g
19 13 kg 400 g

20 5 kg 700 g
23 9 kg 400 g
21 7 kg 200 g
24 11 kg 420 g
22 9 kg 650 g
25 16 kg 240 g

3, 900, 5, 300 / 3, 900, 5, 300 / 9, 200 답 9, 200

답 3, 700, 5, 200

풀이 (병규가 사야 하는 고기의 무게)
　　＝1 kg 600 g＋2 kg 100 g
　　＝3 kg 700 g
　　(윤지가 사야 하는 고기의 무게)
　　＝2 kg 800 g＋2 kg 400 g
　　＝5 kg 200 g

1 2, 200　　　**4** 3, 600

2 3, 500　　　**5** 3, 400

3 6, 400　　　**6** 6, 700

7 5 kg 100 g　　　**13** 2 kg 500 g

8 4 kg 200 g　　　**14** 1 kg 100 g

9 4 kg 550 g　　　**15** 5 kg 300 g

10 2 kg 400 g　　　**16** 3 kg 800 g

11 4 kg 850 g　　　**17** 7 kg 250 g

12 7 kg 650 g　　　**18** 5 kg 750 g

　　　　　　　　　19 8 kg 850 g

20 2 kg 100 g　　　**23** 2 kg 700 g

21 4 kg 700 g　　　**24** 6 kg 680 g

22 5 kg 650 g　　　**25** 7 kg 510 g

연산

7, 200, 4, 900 / 7, 200, 4, 900 /
2, 300　답 2, 300

답 2, 100, 1, 500

풀이 (더 필요한 밀가루의 양)
$$= 5 \text{ kg } 300 \text{ g} - 3 \text{ kg } 200 \text{ g}$$
$$= 2 \text{ kg } 100 \text{ g}$$
(더 필요한 설탕의 양)
$$= 3 \text{ kg} - 1 \text{ kg } 500 \text{ g}$$
$$= 1 \text{ kg } 500 \text{ g}$$

1 4 L 750 mL　　　**2** 2 L 600 mL

3 13 L 650 mL　　　**4** 5 kg 300 g

5 7 kg 100 g　　　**6** 5 kg 550 g

7 3 L 900 mL　　　**8** 12 L 550 mL

9 2 L 560 mL　　　**10** 11 kg 950 g

11 4 kg 230 g　　　**12** 13 kg 400 g

13 5 L 450 mL　　　**14** 11 L 250 mL

15 18 L 10 mL　　　**16** 3 L 250 mL

17 5 L 720 mL　　　**18** 8 L 790 mL

19 7 kg 760 g　　　**20** 16 kg 40 g

21 6 kg 840 g　　　**22** 7 kg 690 g

23 10 L 200 mL　　　**24** (◯) ( )

25 ㉡　　　**26** 5 kg 600 g

27 2 L 700 mL＋5 L 900 mL
＝8 L 600 mL / 8 L 600 mL

28 11 L 350 mL－4 L 800 mL
＝6 L 550 mL / 6 L 550 mL

29 8 kg 500 g＋5 kg 400 g＝13 kg 900 g
/ 13 kg 900 g

30 7 kg 600 g－3 kg 850 g＝3 kg 750 g
/ 3 kg 750 g

26 2 kg 900 g＜5 kg 600 g＜ 8 kg 500 g
➡ 8 kg 500 g－2 kg 900 g＝5 kg 600 g

27 (처음에 들어 있던 휘발유의 양)
＋(더 넣은 휘발유의 양)
＝2 L 700 mL＋5 L 900 mL＝8 L 600 mL

28 (수조의 들이)－(수조에 들어 있는 물의 양)
＝11 L 350 mL－4 L 800 mL＝6 L 550 mL

29 (재형이가 딴 딸기의 무게)
＋(여진이가 딴 딸기의 무게)
＝8 kg 500 g＋5 kg 400 g＝13 kg 900 g

30 (강아지의 무게)－(고양이의 무게)
＝7 kg 600 g－3 kg 850 g＝3 kg 750 g

하루의 학습이 끝날 때마다 칭찬 농장에
붙임딱지를 붙여서 꾸며 보세요.

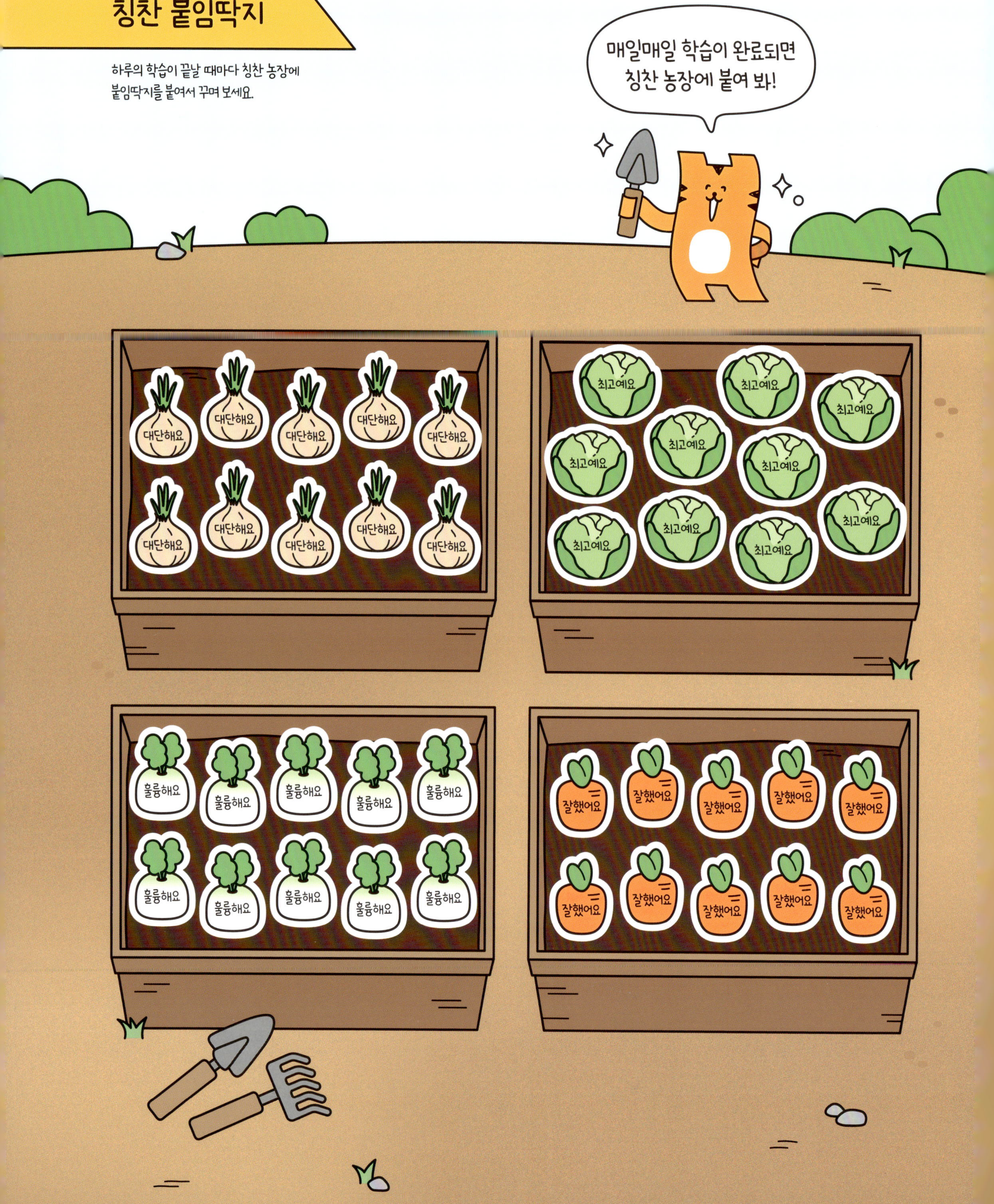

① 올림이 없는 (세 자리 수)×(한 자리 수)(1)

● 123 × 3을 계산해 볼까요?

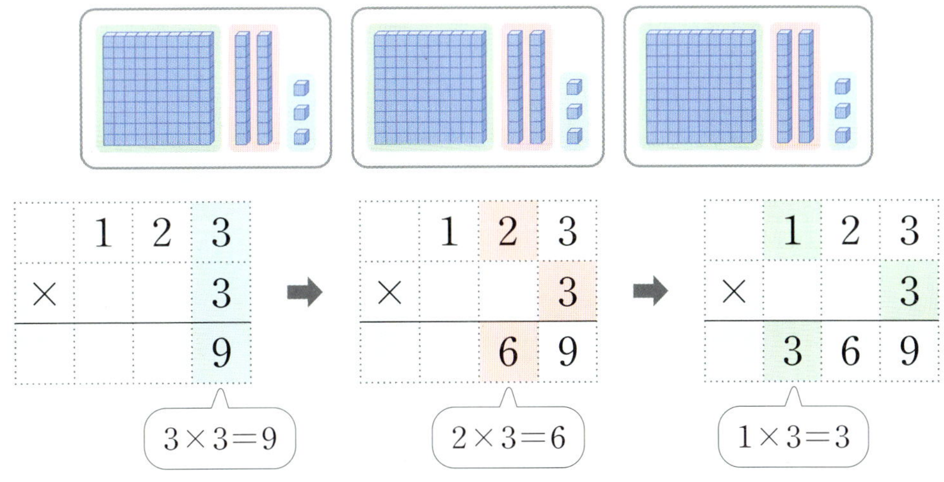

$3 \times 3 = 9$ $2 \times 3 = 6$ $1 \times 3 = 3$

일의 자리, 십의 자리, 백의 자리 순서로 계산합니다.

1~9 곱셈을 하세요.

1		1	2	4
	×			2

4		1	1	3
	×			2

7		3	0	2
	×			2

2		2	0	1
	×			3

5		1	4	1
	×			2

8		4	2	1
	×			2

3		3	1	2
	×			3

6		2	2	2
	×			4

9		3	3	2
	×			3

10
$$313 \times 2$$

15
$$221 \times 3$$

20
$$134 \times 2$$

11
$$144 \times 2$$

16
$$211 \times 4$$

21
$$111 \times 5$$

12
$$221 \times 4$$

17
$$121 \times 2$$

22
$$311 \times 2$$

13
$$131 \times 3$$

18
$$323 \times 2$$

23
$$122 \times 4$$

14
$$120 \times 4$$

19
$$231 \times 3$$

24
$$430 \times 2$$

25 241×2

26 331×3

27 411×2

28 121×4

29 143×2

30 303×3

31 242×2

32
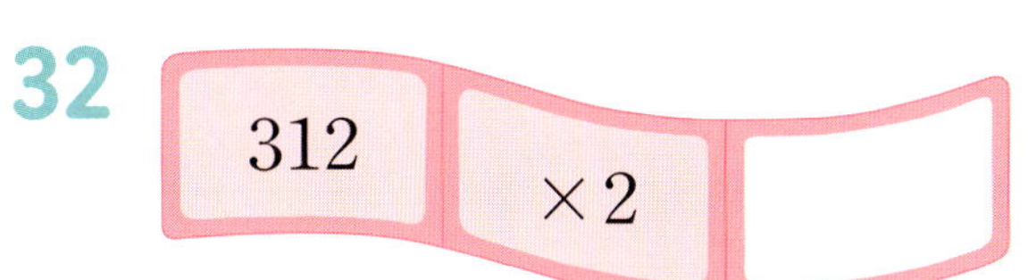

33

34
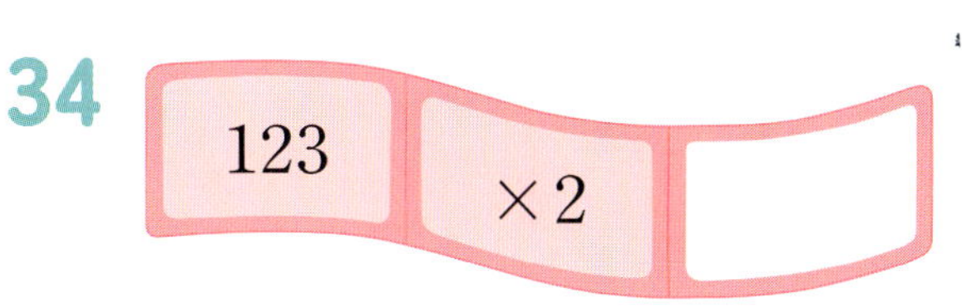

35

36

37

선 잇기

동물들이 각자 먹을 간식을 찾으러 가려고 합니다. 계산 결과를 찾아 선으로 이으세요.

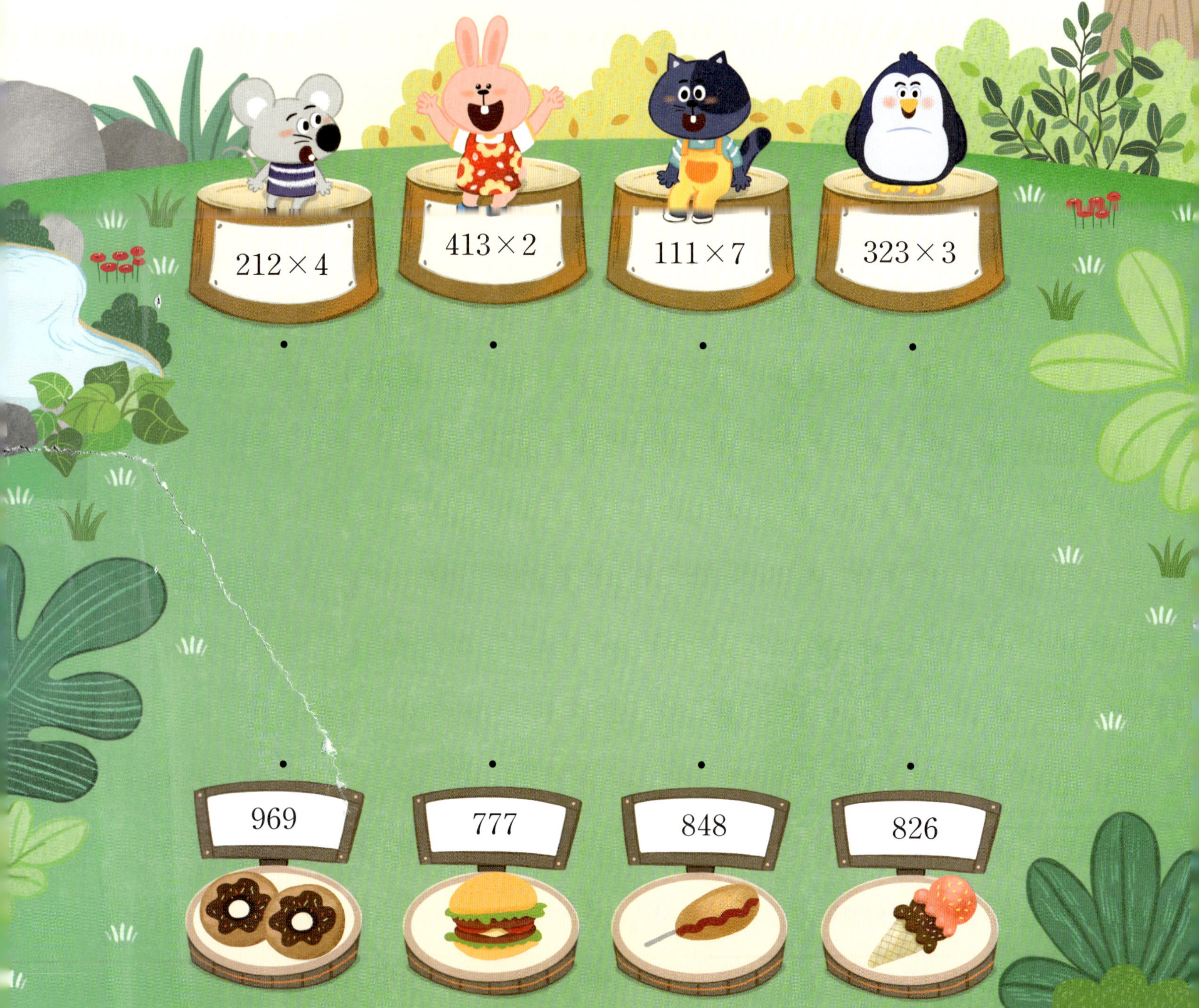

212×4	413×2	111×7	323×3

969	777	848	826

 교과서 **곱셈**

2 올림이 없는 (세 자리 수)×(한 자리 수)(2)

● 243×2를 계산해 볼까요?

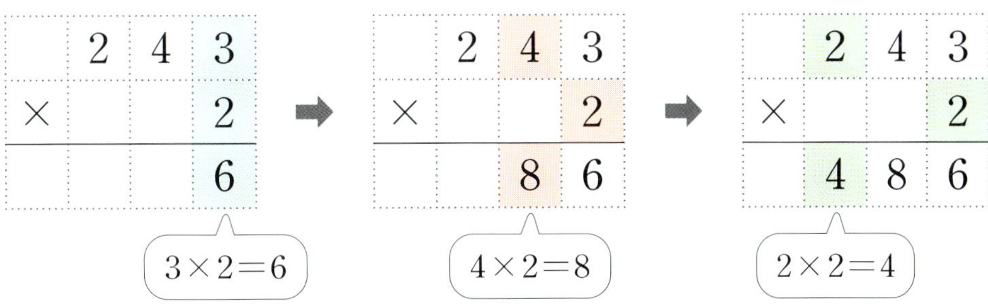

$3\times2=6$ $4\times2=8$ $2\times2=4$

1~12 곱셈을 하세요.

1
```
    1 1 1
  ×     8
```

2
```
    2 0 1
  ×     2
```

3
```
    3 1 3
  ×     3
```

4
```
    4 2 2
  ×     2
```

5
```
    2 2 3
  ×     3
```

6
```
    4 4 4
  ×     2
```

7
```
    3 4 2
  ×     2
```

8
```
    4 3 4
  ×     2
```

9
```
    1 1 4
  ×     2
```

10
```
    2 3 2
  ×     3
```

11
```
    2 0 2
  ×     4
```

12
```
    3 3 3
  ×     3
```

13
$$\begin{array}{r} 1\ 0\ 0 \\ \times\quad\ 2 \\ \hline \end{array}$$

14
$$\begin{array}{r} 1\ 2\ 2 \\ \times\quad\ 3 \\ \hline \end{array}$$

15
$$\begin{array}{r} 2\ 2\ 0 \\ \times\quad\ 3 \\ \hline \end{array}$$

16
$$\begin{array}{r} 3\ 2\ 0 \\ \times\quad\ 2 \\ \hline \end{array}$$

17
$$\begin{array}{r} 4\ 2\ 4 \\ \times\quad\ 2 \\ \hline \end{array}$$

18
$$\begin{array}{r} 1\ 2\ 1 \\ \times\quad\ 3 \\ \hline \end{array}$$

19
$$\begin{array}{r} 2\ 3\ 1 \\ \times\quad\ 2 \\ \hline \end{array}$$

20
$$\begin{array}{r} 2\ 1\ 1 \\ \times\quad\ 4 \\ \hline \end{array}$$

21
$$\begin{array}{r} 2\ 2\ 2 \\ \times\quad\ 3 \\ \hline \end{array}$$

22
$$\begin{array}{r} 3\ 2\ 1 \\ \times\quad\ 3 \\ \hline \end{array}$$

23 142×2

24 113×3

25 432×2

26 210×4

27 411×2

28 203×3

29 334×2

30

202	3

31

332	2

32

133	3

33

423	2

34

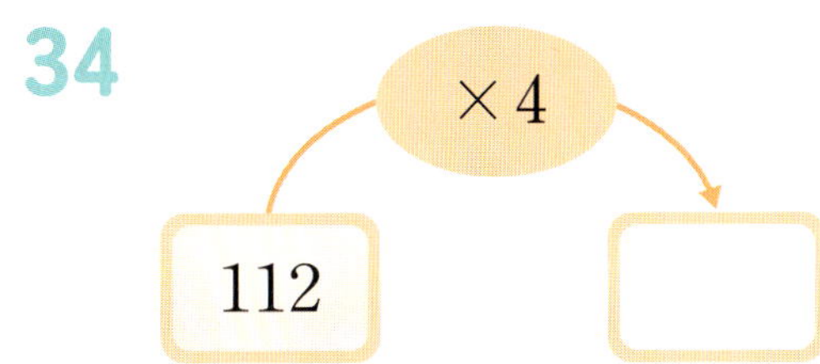

35

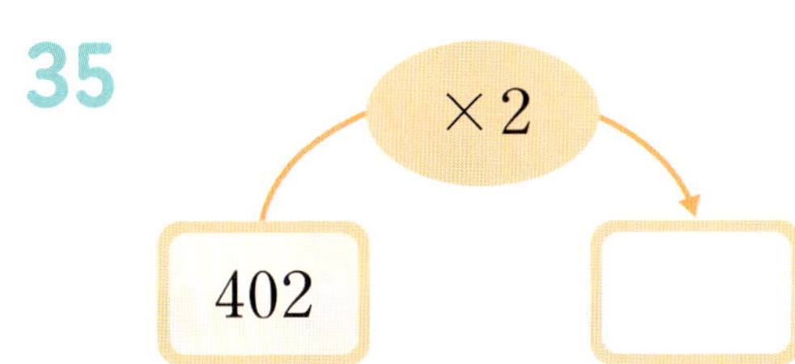

36

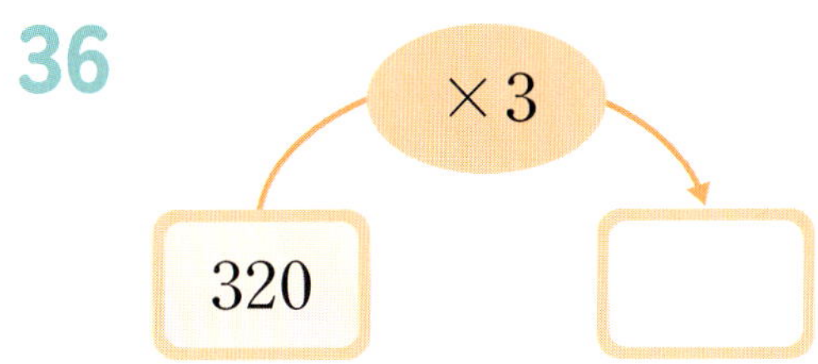

37

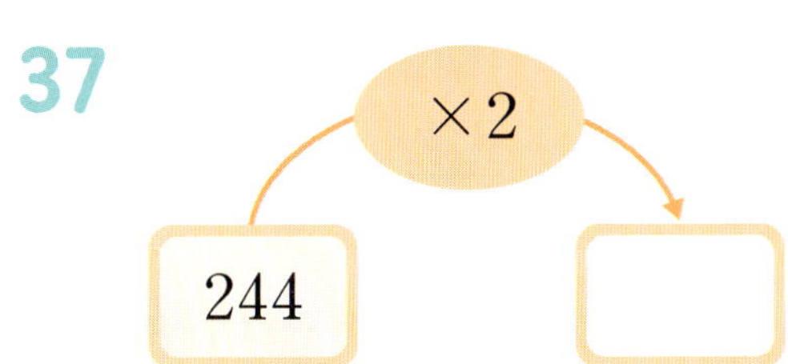

종이학이 한 통에 213개씩 들어 있습니다. 3통에 들어 있는 종이학은 모두 몇 개인가요?

한 통에 들어 있는 종이학 수: ☐ 개, 통 수: ☐ 통

(전체 종이학 수)=(한 통에 들어 있는 종이학 수)×(통 수)

= ☐ × ☐ = ☐ (개)   답 ☐ 개

도둑 찾기

어느 날 한 백화점에 도둑이 들어 가장 비싼 물건을 훔쳐 갔습니다. 사건 단서 ①, ②, ③의 식의 계산 결과에 해당하는 글자를 사건 단서 해독표 에서 찾아 차례로 쓰면 도둑의 이름을 알 수 있습니다. 주어진 사건 단서를 보고 도둑의 이름을 알아보세요.

사건 단서 해독표

김	888	박	309	한	220
이	399	송	408	미	846
연	866	리	633	수	933
민	480	새	622	정	868

도둑의 이름은 [①][②][③] 입니다.

③ 올림이 한 번 있는 (세 자리 수)×(한 자리 수)⑴

● 217×2를 계산해 볼까요?

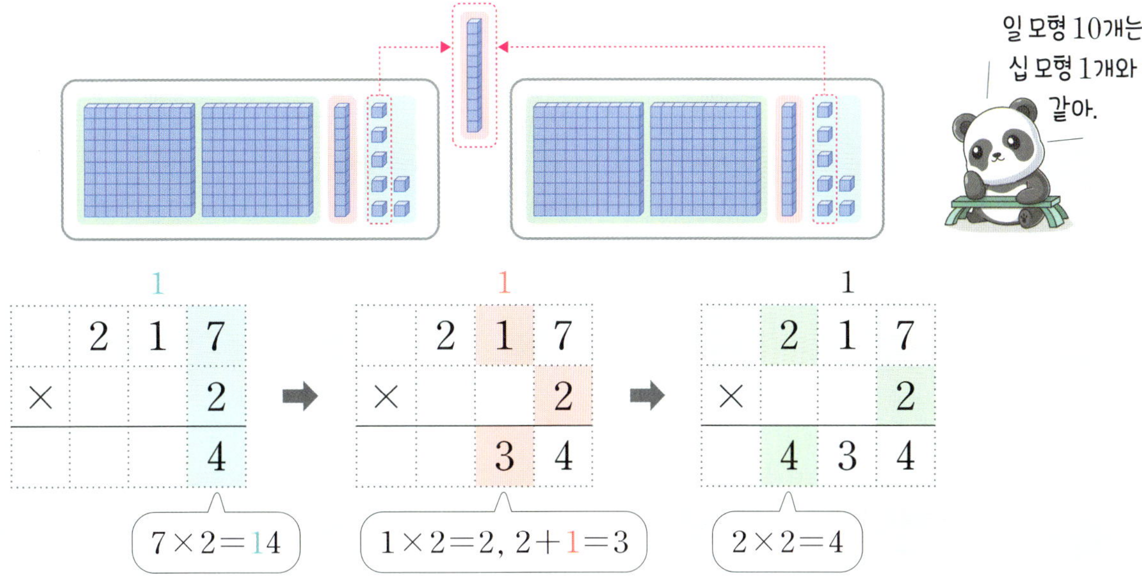

① 각 자리의 곱이 10이거나 10보다 크면 바로 윗자리로 올림합니다.
② 일의 자리에서 올림한 수는 십의 자리의 곱에, 십의 자리에서 올림한 수는 백의 자리의 곱에 더합니다.

1~6 곱셈을 하세요.

1

```
    1 1 8
  ×     5
```

3

```
    2 5 2
  ×     3
```

5

```
    6 3 2
  ×     2
```

2

```
    2 2 4
  ×     3
```

4

```
    1 9 4
  ×     2
```

6

```
    8 2 1
  ×     2
```

7 2 3 6 × 2	**12** 1 8 2 × 3	**17** 4 8 1 × 2
8 1 2 3 × 4	**13** 2 1 8 × 4	**18** 5 4 1 × 2
9 2 7 3 × 2	**14** 1 1 9 × 5	**19** 2 8 0 × 2
10 3 9 4 × 2	**15** 4 9 3 × 2	**20** 3 0 9 × 3
11 5 1 3 × 2	**16** 7 1 3 × 3	**21** 4 2 1 × 4

22 225×2

23 263×3

24 241×4

25 136×2

26 251×3

27 534×2

28 631×2

29 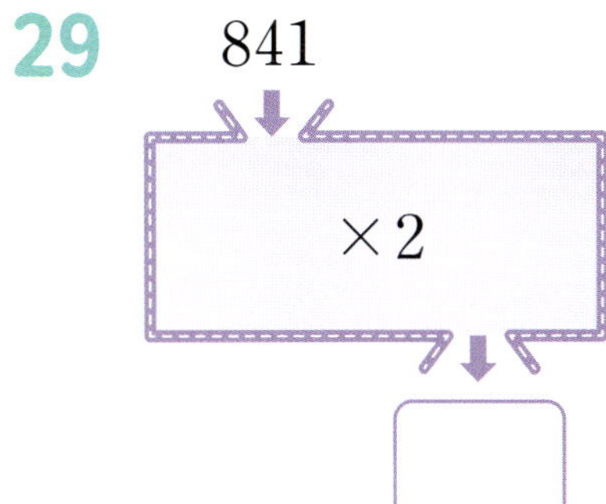

30 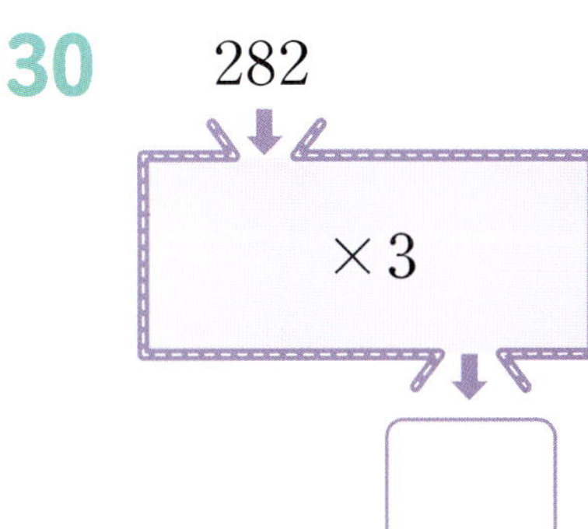

31 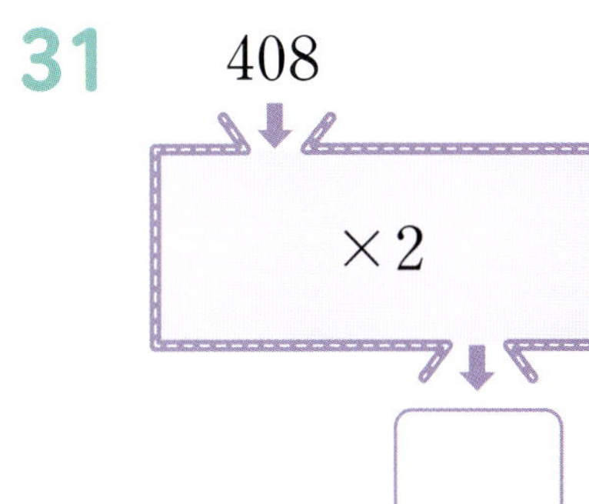

32 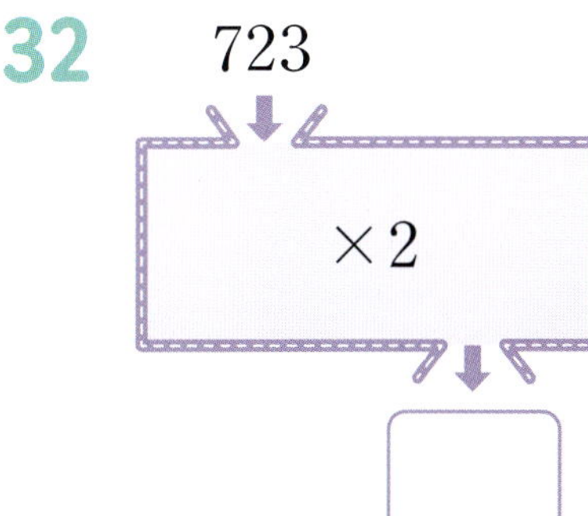

33 118
×4

사다리 타기

사다리 타기는 세로선을 따라 아래로 내려가다가 가로선을 만나면 가로로 이동하고, 다시 세로선을 만나면 세로선을 따라 아래로 내려가는 놀이입니다. 주어진 식의 계산 결과를 사다리를 타고 내려가서 도착한 곳에 써넣으세요.

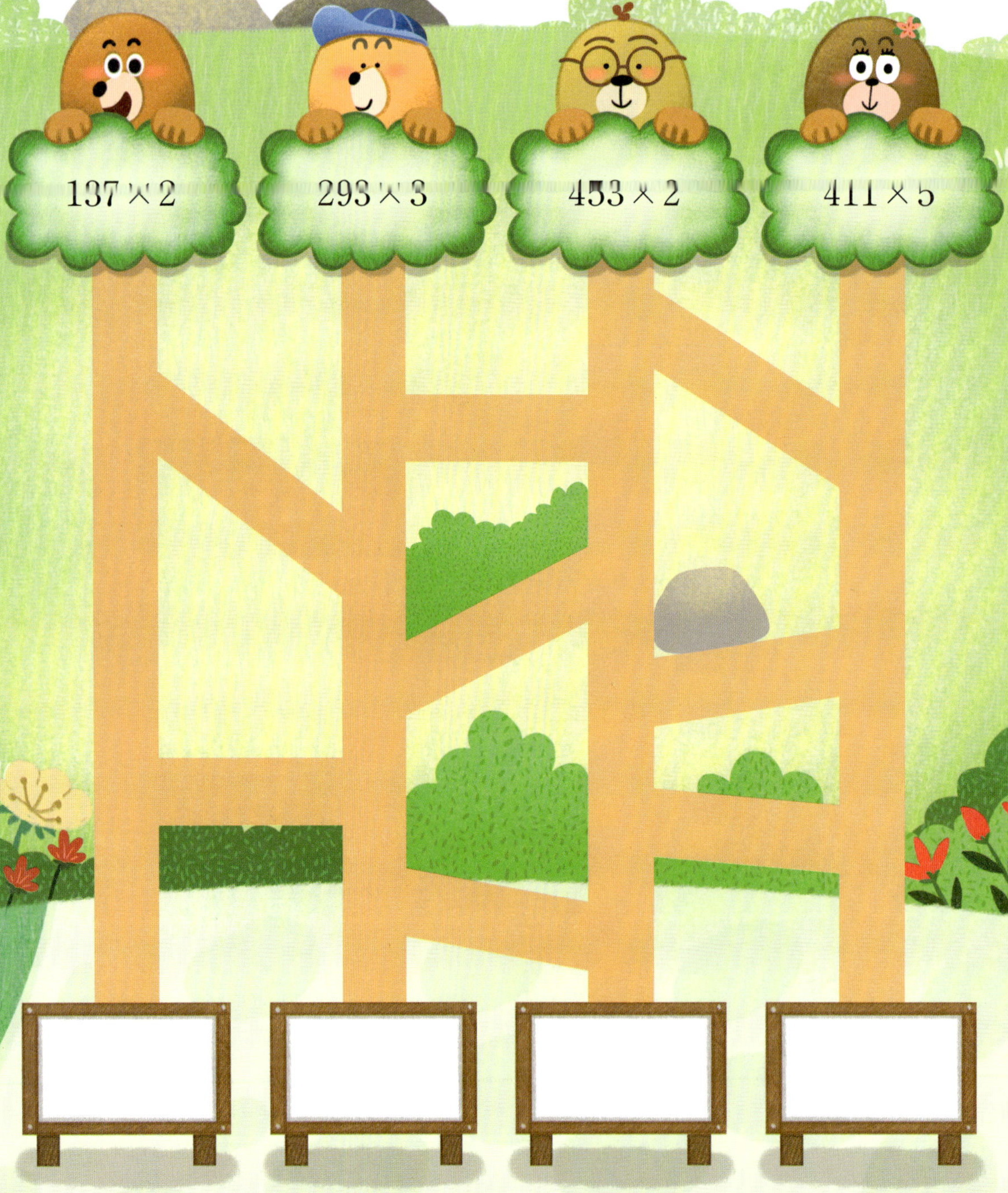

 교과서 **곱셈**

❹ 올림이 한 번 있는 (세 자리 수)×(한 자리 수)(2)

● 162×4를 계산해 볼까요?

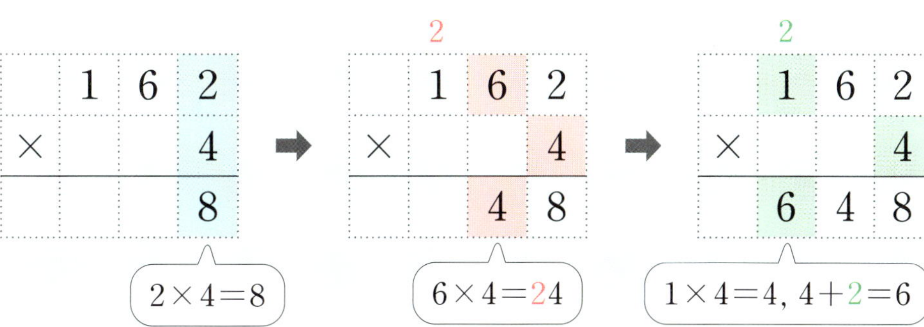

$2 \times 4 = 8$

$6 \times 4 = 24$

$1 \times 4 = 4,\ 4 + 2 = 6$

십의 자리에서 올림한 수를 백의 자리 위에 작게 쓰고 백의 자리 곱에 더해!

1~12 곱셈을 하세요.

1

	1	2	6
×			3

2

	2	8	3
×			2

3

	2	8	2
×			3

4

	9	4	2
×			2

5

	4	6	4
×			2

6

	3	2	9
×			3

7

	4	0	2
×			4

8

	4	5	2
×			2

9

	2	3	5
×			2

10

	1	2	7
×			3

11

	2	8	2
×			3

12

	5	4	3
×			2

13~29 곱셈을 하세요.

13
$$\begin{array}{r} 1\ 0\ 7 \\ \times \quad\ \ 9 \\ \hline \end{array}$$

14
$$\begin{array}{r} 6\ 2\ 2 \\ \times \quad\ \ 3 \\ \hline \end{array}$$

15
$$\begin{array}{r} 2\ 3\ 1 \\ \times \quad\ \ 4 \\ \hline \end{array}$$

16
$$\begin{array}{r} 1\ 7\ 2 \\ \times \quad\ \ 4 \\ \hline \end{array}$$

17
$$\begin{array}{r} 7\ 0\ 2 \\ \times \quad\ \ 4 \\ \hline \end{array}$$

18
$$\begin{array}{r} 1\ 3\ 8 \\ \times \quad\ \ 2 \\ \hline \end{array}$$

19
$$\begin{array}{r} 4\ 6\ 3 \\ \times \quad\ \ 2 \\ \hline \end{array}$$

20
$$\begin{array}{r} 1\ 8\ 3 \\ \times \quad\ \ 3 \\ \hline \end{array}$$

21
$$\begin{array}{r} 2\ 3\ 8 \\ \times \quad\ \ 2 \\ \hline \end{array}$$

22
$$\begin{array}{r} 9\ 2\ 3 \\ \times \quad\ \ 3 \\ \hline \end{array}$$

23 544×2

24 180×4

25 832×2

26 317×2

27 182×4

28 272×3

29 831×3

30

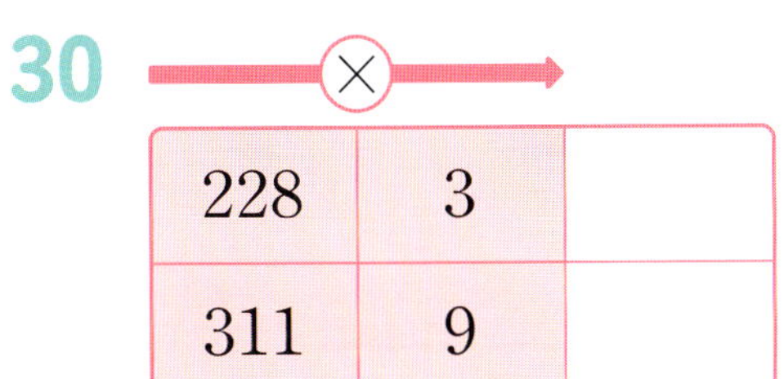

228	3	
311	9	

34

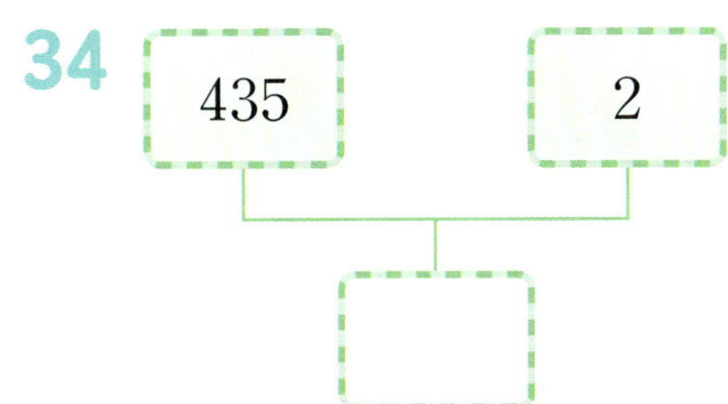

31

215	4	
326	2	

35

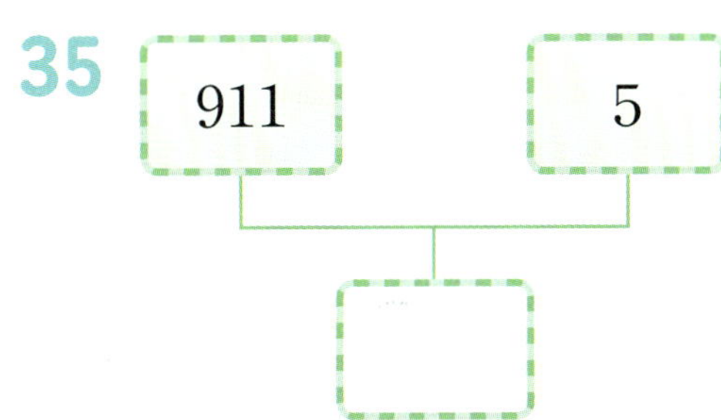

32

421	3	
242	4	

36

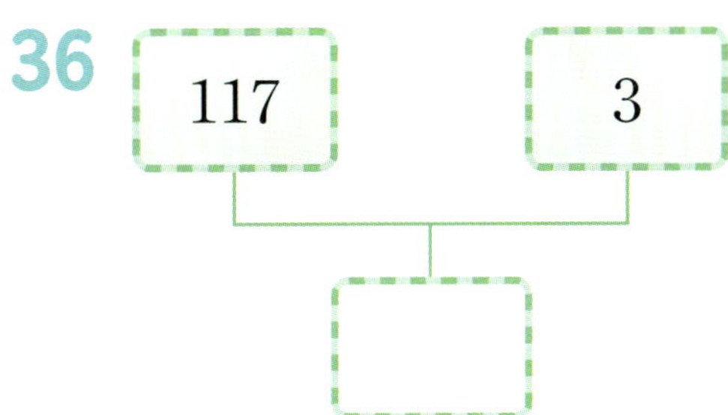

33

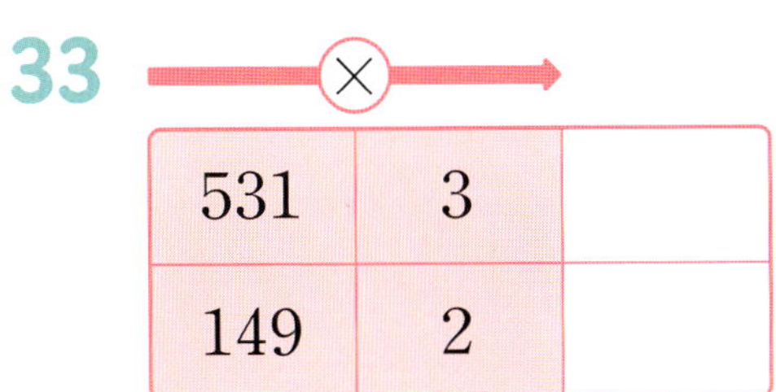

531	3	
149	2	

37

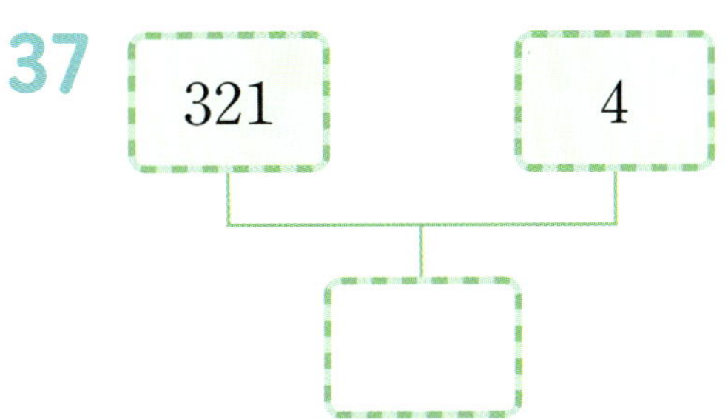

은주는 매일 줄넘기를 301번씩 합니다. 은주가 일주일 동안 한 줄넘기는 모두 몇 번인가요?

하루에 하는 줄넘기 횟수: ☐ 번, 줄넘기를 한 날수: ☐ 일

(일주일 동안 한 줄넘기 횟수)＝(하루에 하는 줄넘기 횟수)×(줄넘기를 한 날수)

$$= \boxed{} \times \boxed{} = \boxed{} \text{(번)} \qquad \text{답} \boxed{} \text{번}$$

빙고 놀이하기

해민이와 지환이가 빙고 놀이를 하고 있습니다. 빙고 놀이에서 이긴 사람은 누구인가요?

빙고 놀이 방법

1. 가로, 세로 5칸인 놀이판에 200부터 900까지의 수를 자유롭게 적은 다음 서로 번갈아 가며 수를 말합니다.
2. 자신과 상대방이 말하는 수에 ✕표 합니다.
3. 가로, 세로, ╱, ╲ 중 한 줄에 있는 5개의 수에 모두 ✕표 한 경우 '빙고'를 외칩니다.
4. 먼저 '빙고'를 외치는 사람이 이깁니다.

해민이의 놀이판

✕	426	✕	398	✕
619	300	✕	268	✕
278	816	408	✕	388
✕	415	✕	✕	819
399	719	430	392	✕

지환이의 놀이판

✕	427	816	392	✕
395	218	✕	✕	430
✕	819	✕	✕	278
✕	415	801	384	719
456	✕	268	✕	400

교과서 **곱셈**

5 올림이 여러 번 있는 (세 자리 수)×(한 자리 수)⑴

● 258×3을 계산해 볼까요?

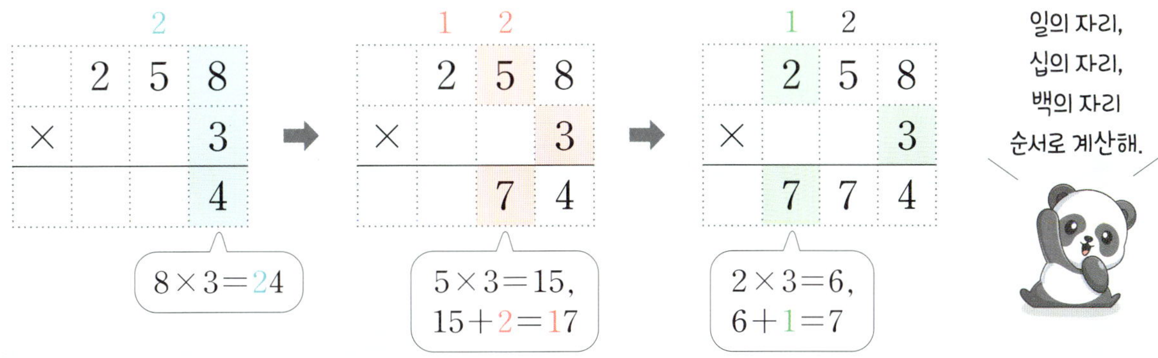

$$8 \times 3 = 24$$

$$5 \times 3 = 15, \quad 15 + 2 = 17$$

$$2 \times 3 = 6, \quad 6 + 1 = 7$$

> ① 각 자리의 곱이 10이거나 10보다 크면 바로 윗자리로 올림합니다.
> ② 올림한 수는 바로 윗자리 계산에 더합니다.

1~9 곱셈을 하세요.

1

$$\begin{array}{r} 1\ 3\ 6 \\ \times \quad 5 \\ \hline \end{array}$$

4

$$\begin{array}{r} 3\ 5\ 8 \\ \times \quad 4 \\ \hline \end{array}$$

7

$$\begin{array}{r} 3\ 9\ 8 \\ \times \quad 2 \\ \hline \end{array}$$

2

$$\begin{array}{r} 1\ 4\ 2 \\ \times \quad 7 \\ \hline \end{array}$$

5

$$\begin{array}{r} 2\ 1\ 6 \\ \times \quad 8 \\ \hline \end{array}$$

8

$$\begin{array}{r} 4\ 6\ 5 \\ \times \quad 6 \\ \hline \end{array}$$

3

$$\begin{array}{r} 2\ 3\ 7 \\ \times \quad 3 \\ \hline \end{array}$$

6

$$\begin{array}{r} 4\ 5\ 9 \\ \times \quad 2 \\ \hline \end{array}$$

9

$$\begin{array}{r} 5\ 2\ 4 \\ \times \quad 9 \\ \hline \end{array}$$

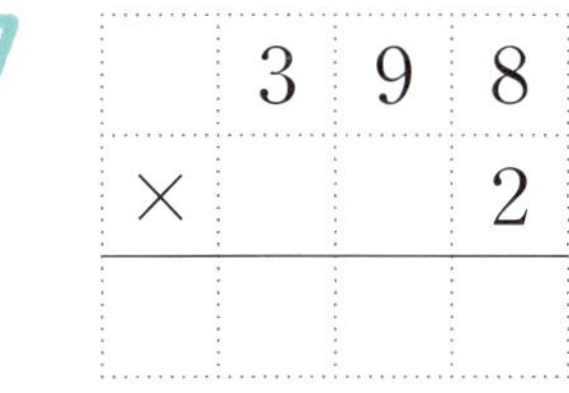

10~31 곱셈을 하세요.

10
$$\begin{array}{r} 1\ 5\ 7 \\ \times\quad\ 4 \\ \hline \end{array}$$

11
$$\begin{array}{r} 3\ 5\ 8 \\ \times\quad\ 2 \\ \hline \end{array}$$

12
$$\begin{array}{r} 2\ 3\ 7 \\ \times\quad\ 5 \\ \hline \end{array}$$

13
$$\begin{array}{r} 3\ 6\ 4 \\ \times\quad\ 3 \\ \hline \end{array}$$

14
$$\begin{array}{r} 6\ 4\ 9 \\ \times\quad\ 3 \\ \hline \end{array}$$

15
$$\begin{array}{r} 3\ 2\ 4 \\ \times\quad\ 6 \\ \hline \end{array}$$

16
$$\begin{array}{r} 2\ 4\ 5 \\ \times\quad\ 3 \\ \hline \end{array}$$

17
$$\begin{array}{r} 4\ 6\ 9 \\ \times\quad\ 2 \\ \hline \end{array}$$

18
$$\begin{array}{r} 1\ 8\ 4 \\ \times\quad\ 3 \\ \hline \end{array}$$

19
$$\begin{array}{r} 5\ 5\ 6 \\ \times\quad\ 2 \\ \hline \end{array}$$

20
$$\begin{array}{r} 2\ 5\ 9 \\ \times\quad\ 3 \\ \hline \end{array}$$

21
$$\begin{array}{r} 1\ 3\ 2 \\ \times\quad\ 9 \\ \hline \end{array}$$

22
$$\begin{array}{r} 7\ 3\ 7 \\ \times\quad\ 3 \\ \hline \end{array}$$

23
$$\begin{array}{r} 2\ 9\ 4 \\ \times\quad\ 7 \\ \hline \end{array}$$

24
$$\begin{array}{r} 1\ 8\ 6 \\ \times\quad\ 4 \\ \hline \end{array}$$

25 163×5

26 258×2

27 457×4

28 546×9

29 382×6

30 146×3

31 458×2

32 $154 \rightarrow \boxed{\times 5} \rightarrow \boxed{}$

33 $235 \rightarrow \boxed{\times 4} \rightarrow \boxed{}$

34 $369 \rightarrow \boxed{\times 2} \rightarrow \boxed{}$

35 $466 \rightarrow \boxed{\times 2} \rightarrow \boxed{}$

36 $684 \rightarrow \boxed{\times 3} \rightarrow \boxed{}$

37 $765 \rightarrow \boxed{\times 8} \rightarrow \boxed{}$

가로세로 수 맞히기

가로 열쇠와 세로 열쇠를 보고 빈칸에 알맞은 수를 써넣으세요.

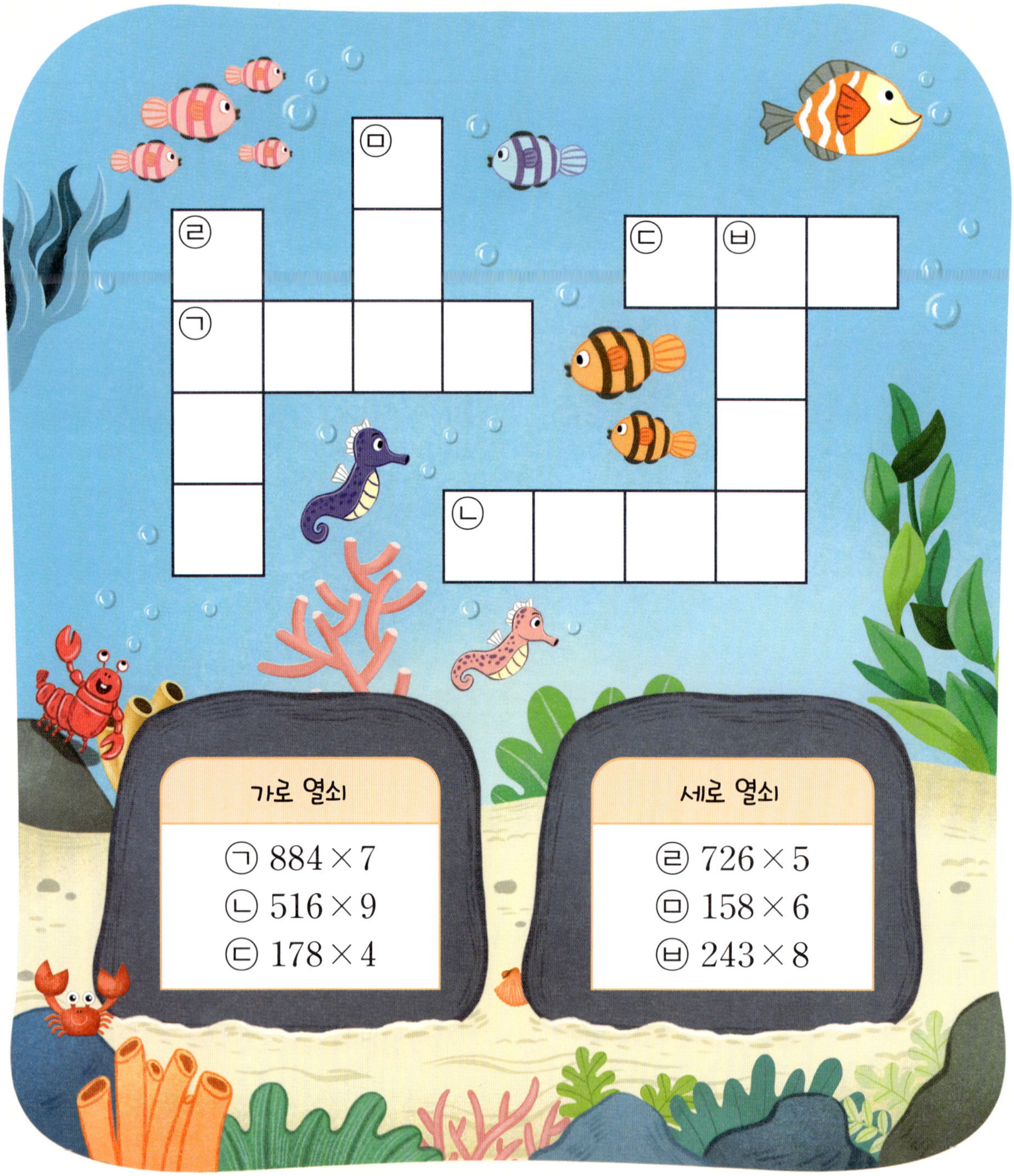

가로 열쇠

- ㉠ 884 × 7
- ㉡ 516 × 9
- ㉢ 178 × 4

세로 열쇠

- ㉣ 726 × 5
- ㉤ 158 × 6
- ㉥ 243 × 8

오늘 나의 실력을 평가해 봐!   

🐟 부모님 응원 한마디 

 📖 교과서 **곱셈**

6 올림이 여러 번 있는 (세 자리 수)×(한 자리 수)(2)

● 637×4를 계산해 볼까요?

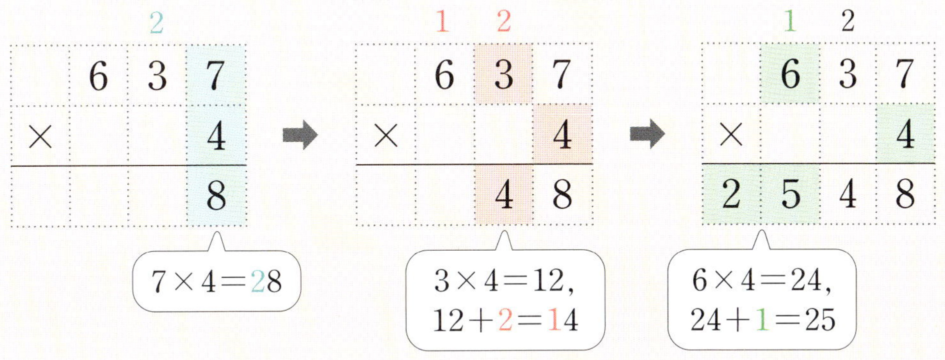

$$7 \times 4 = 28$$

$$3 \times 4 = 12, \quad 12 + 2 = 14$$

$$6 \times 4 = 24, \quad 24 + 1 = 25$$

1~12 곱셈을 하세요.

1
```
    6 3 8
×       2
```

2
```
    2 4 6
×       3
```

3
```
    3 6 5
×       7
```

4
```
    1 9 4
×       5
```

5
```
    7 5 2
×       3
```

6
```
    1 8 7
×       2
```

7
```
    2 9 4
×       3
```

8
```
    5 7 9
×       6
```

9
```
    4 7 3
×       5
```

10
```
    1 7 9
×       3
```

11
```
    9 4 4
×       9
```

12
```
    7 2 5
×       4
```

13~29 곱셈을 하세요.

13
$$\begin{array}{r} 8\ 1\ 5 \\ \times\qquad 4 \\ \hline \end{array}$$

14
$$\begin{array}{r} 2\ 9\ 6 \\ \times\qquad 8 \\ \hline \end{array}$$

15
$$\begin{array}{r} 5\ 8\ 9 \\ \times\qquad 2 \\ \hline \end{array}$$

16
$$\begin{array}{r} 3\ 4\ 9 \\ \times\qquad 7 \\ \hline \end{array}$$

17
$$\begin{array}{r} 9\ 7\ 1 \\ \times\qquad 4 \\ \hline \end{array}$$

18
$$\begin{array}{r} 8\ 6\ 4 \\ \times\qquad 3 \\ \hline \end{array}$$

19
$$\begin{array}{r} 3\ 6\ 7 \\ \times\qquad 6 \\ \hline \end{array}$$

20
$$\begin{array}{r} 4\ 5\ 8 \\ \times\qquad 7 \\ \hline \end{array}$$

21
$$\begin{array}{r} 4\ 4\ 2 \\ \times\qquad 3 \\ \hline \end{array}$$

22
$$\begin{array}{r} 8\ 2\ 6 \\ \times\qquad 5 \\ \hline \end{array}$$

23 267×2

24 485×4

25 159×6

26 397×3

27 472×5

28 984×7

29 672×6

30

×	5	4	8
258			

34
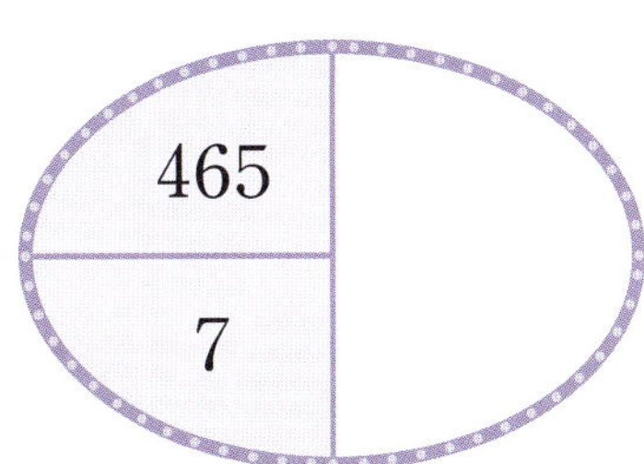

31

×	6	2	7
735			

35
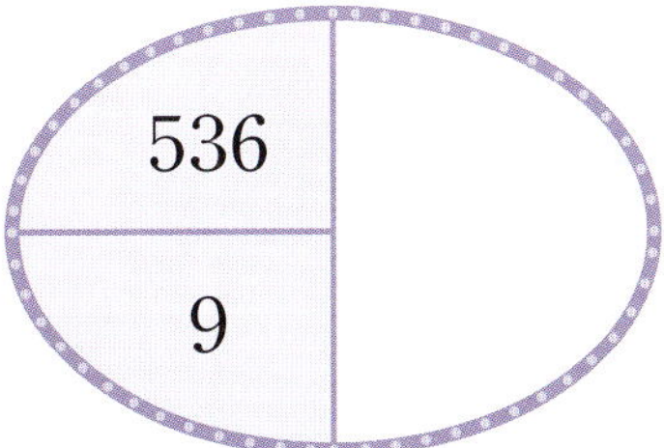

32

×	4	7	3
429			

36
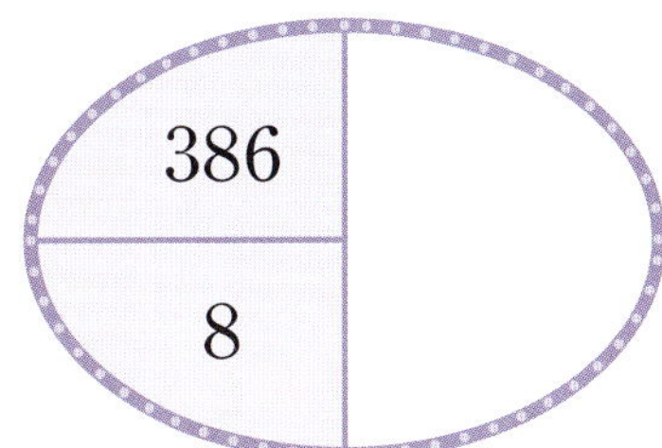

33

×	7	4	9
178			

37
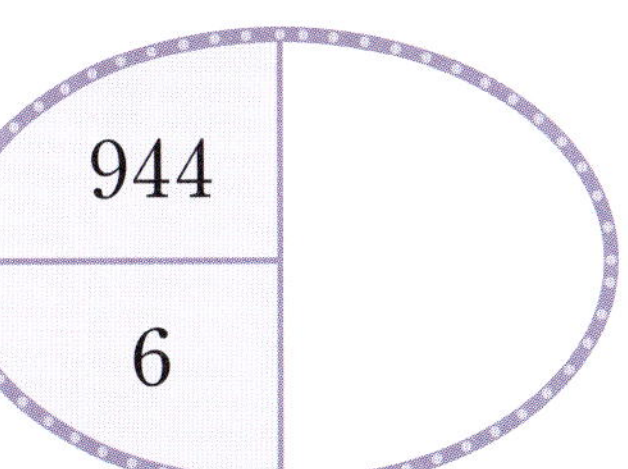

한 변의 길이가 967 cm인 정사각형의 네 변의 길이의 합은 몇 cm인가요?

정사각형의 한 변의 길이: ☐ cm, 정사각형의 변의 수: ☐ 개

(정사각형의 네 변의 길이의 합)=(정사각형의 한 변의 길이)×(정사각형의 변의 수)

　　　　= ☐ × ☐ = ☐ (cm)　　　답 ☐ cm

규칙 따르기

화살표 규칙 에 따라 계산을 하려고 합니다. 빈칸에 알맞은 수를 써넣으세요.

화살표 규칙

→ ×3   ← ×2   ↑ ×5   ↓ ×6
↗ ×8   ↖ ×7   ↘ ×9   ↙ ×4

1

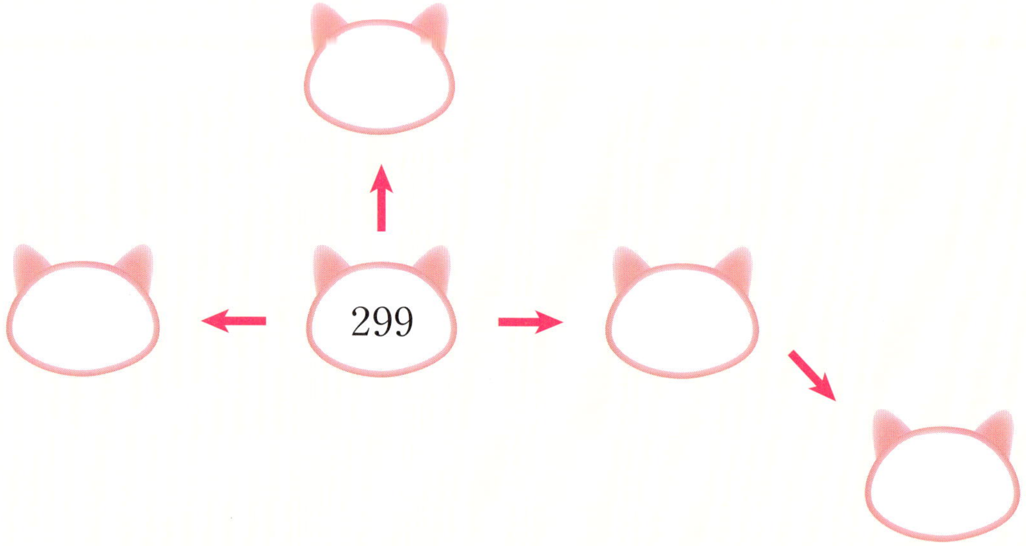

299

2

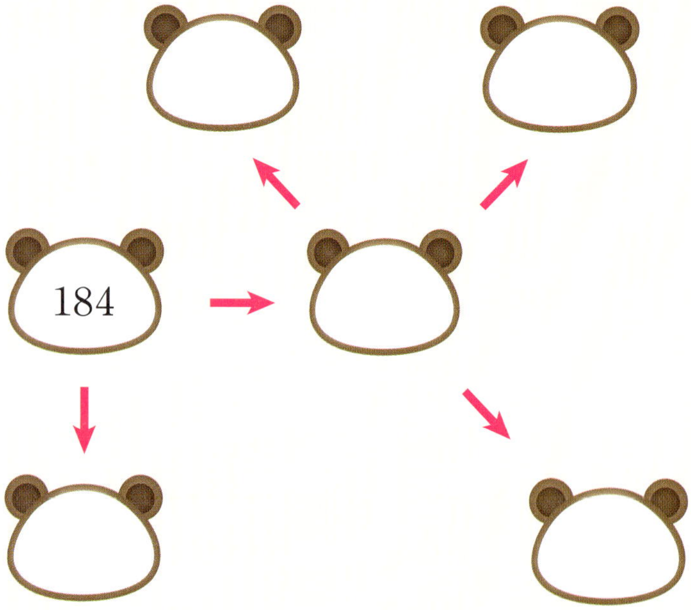

184

2주 2일

📖 교과서 곱셈

7 (몇십)×(몇십), (몇십몇)×(몇십) (1)

● 20×30을 계산해 볼까요?

$$2 \times 3 = 6$$

10배　　10배　　100배

$$20 \times 30 = 600$$

$$\begin{array}{r} 2\ 0 \\ \times\ 3\ 0 \\ \hline 6\ 0\ 0 \end{array}$$

$2 \times 3 = 6$

> (몇)×(몇)을 계산한 값에 0을 2개 붙입니다.

● 12×40을 계산해 볼까요?

$$12 \times 4 = 48$$

10배　　10배

$$12 \times 40 = 480$$

$$\begin{array}{r} 1\ 2 \\ \times\ 4\ 0 \\ \hline 4\ 8\ 0 \end{array}$$

$12 \times 4 = 48$

> (몇십몇)×(몇)을 계산한 값에 0을 1개 붙입니다.

1~6 곱셈을 하세요.

1
$$\begin{array}{r} 4\ 0 \\ \times\ 2\ 0 \\ \hline \end{array}$$

3
$$\begin{array}{r} 6\ 0 \\ \times\ 1\ 0 \\ \hline \end{array}$$

5
$$\begin{array}{r} 4\ 3 \\ \times\ 3\ 0 \\ \hline \end{array}$$

2
$$\begin{array}{r} 3\ 0 \\ \times\ 3\ 0 \\ \hline \end{array}$$

4
$$\begin{array}{r} 1\ 7 \\ \times\ 2\ 0 \\ \hline \end{array}$$

6
$$\begin{array}{r} 3\ 4 \\ \times\ 4\ 0 \\ \hline \end{array}$$

7~28 곱셈을 하세요.

7
$$80 \times 20$$

12
$$90 \times 60$$

17
$$51 \times 40$$

8
$$30 \times 50$$

13
$$12 \times 70$$

18
$$40 \times 90$$

9
$$12 \times 20$$

14
$$60 \times 50$$

19
$$72 \times 20$$

10
$$25 \times 30$$

15
$$24 \times 20$$

20
$$36 \times 50$$

11
$$14 \times 50$$

16
$$31 \times 30$$

21
$$28 \times 70$$

22 60×70

23 80×30

24 64×50

25 36×80

26 50×30

27 16×20

28 24×40

29

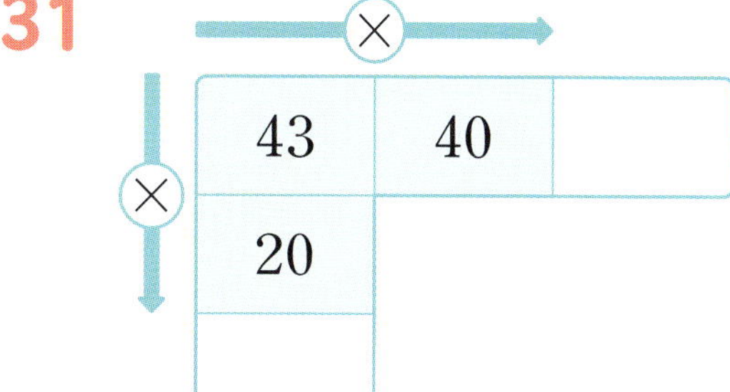

30

31

32

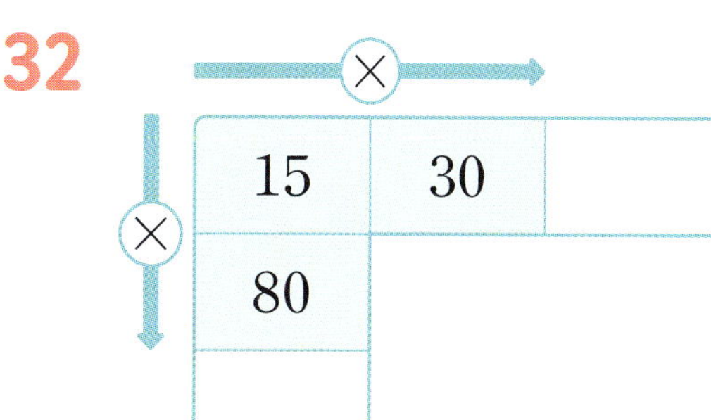

비밀번호 찾기

하은이와 성범이는 금고의 비밀번호를 찾으려고 합니다. 비밀번호는 보기 에 있는 번호에 알맞은 숫자를 차례로 이어 붙여 쓴 것입니다. 비밀번호를 찾아보세요.

보기

① 40×50의 값의 천의 자리 숫자
② 33×40의 값의 십의 자리 숫자
③ 90×20의 값의 백의 자리 숫자
④ 27×60의 값의 백의 자리 숫자

① ② ③ ④

비밀번호는 ☐☐☐☐ 입니다.

교과서 곱셈

8 (몇십)×(몇십), (몇십몇)×(몇십)(2)

● 80×40을 계산해 볼까요?

$$8 \times 4 = 32$$

10배　10배　100배

$$80 \times 40 = 3200$$

		8	0
	×	4	0
3	2	0	0

● 36×30을 계산해 볼까요?

$$36 \times 3 = 108$$

10배　10배

$$36 \times 30 = 1080$$

		3	6
	×	3	0
1	0	8	0

1~9 곱셈을 하세요.

1

	7	0
×	3	0

2

	6	0
×	9	0

3

	2	8
×	6	0

4

	2	4
×	5	0

5

	4	5
×	6	0

6

	5	2
×	5	0

7

	3	7
×	8	0

8

	8	9
×	3	0

9

	2	6
×	4	0

10
$$\begin{array}{r} 9\,0 \\ \times\ 4\,0 \\ \hline \end{array}$$

11
$$\begin{array}{r} 4\,7 \\ \times\ 3\,0 \\ \hline \end{array}$$

12
$$\begin{array}{r} 7\,6 \\ \times\ 6\,0 \\ \hline \end{array}$$

13
$$\begin{array}{r} 3\,8 \\ \times\ 4\,0 \\ \hline \end{array}$$

14
$$\begin{array}{r} 2\,4 \\ \times\ 8\,0 \\ \hline \end{array}$$

15
$$\begin{array}{r} 1\,6 \\ \times\ 7\,0 \\ \hline \end{array}$$

쑥셈 6권 2주 3일 ②

16
$$\begin{array}{r} 2\,6 \\ \times\ 7\,0 \\ \hline \end{array}$$

17
$$\begin{array}{r} 5\,2 \\ \times\ 4\,0 \\ \hline \end{array}$$

18
$$\begin{array}{r} 1\,5 \\ \times\ 9\,0 \\ \hline \end{array}$$

19
$$\begin{array}{r} 8\,6 \\ \times\ 4\,0 \\ \hline \end{array}$$

20 50×80

21 90×90

22 43×60

23 15×70

24 55×50

25 81×40

26 65×20

27

28
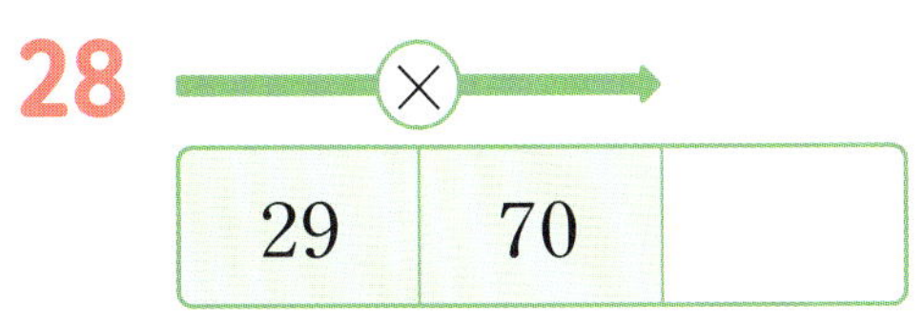

29
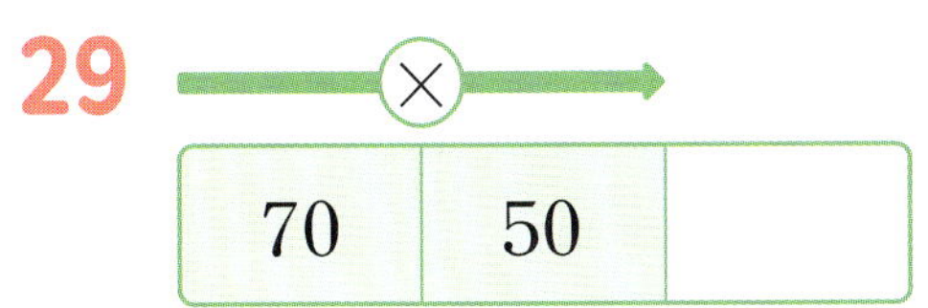

30
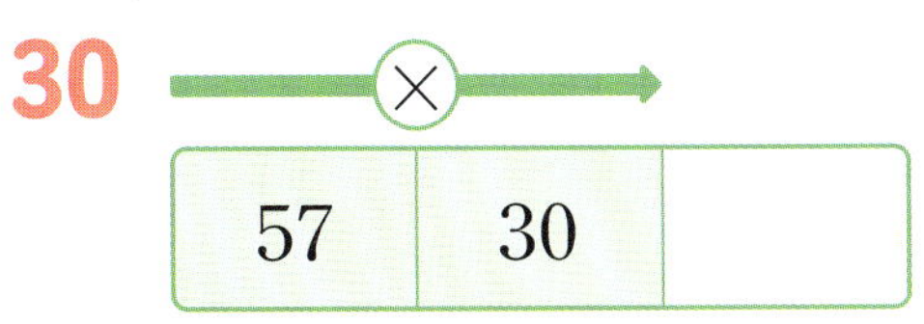

31
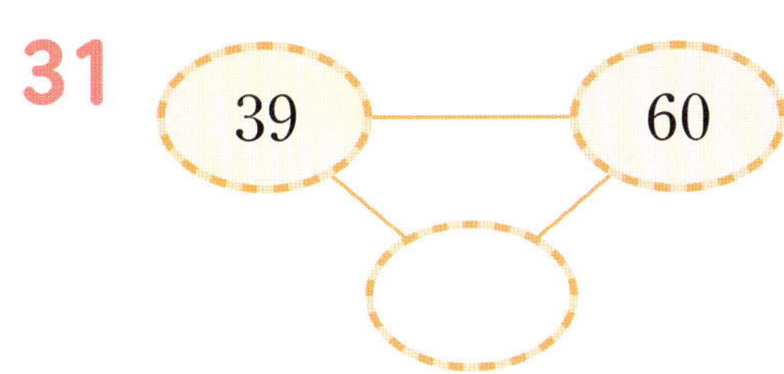

32
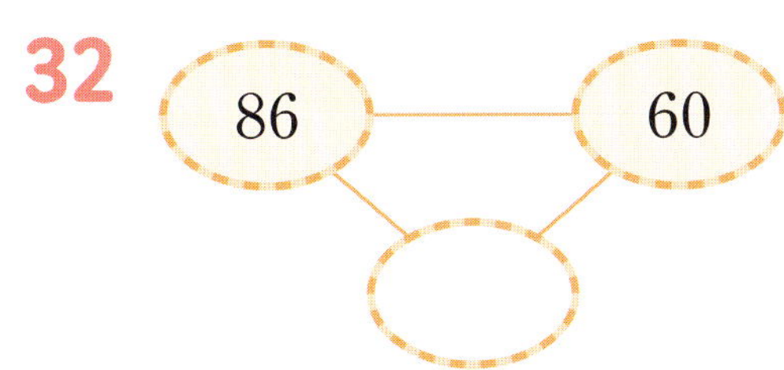

33
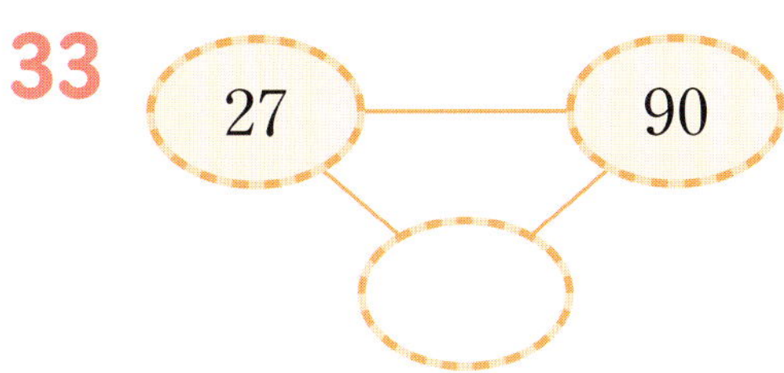

34
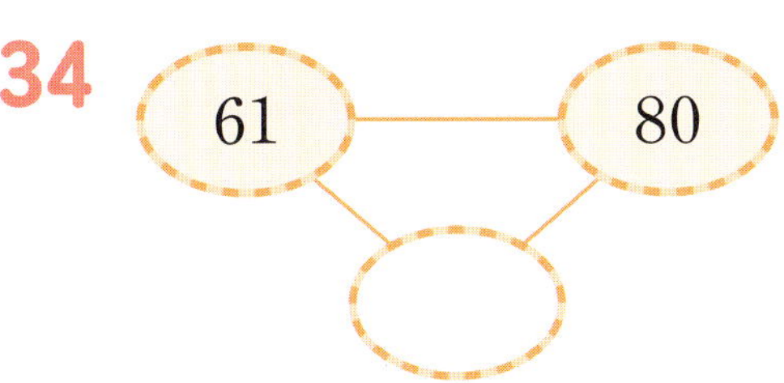

유진이는 하루에 수학 문제를 25개씩 풀었습니다. 유진이가 20일 동안 푼 수학 문제는 모두 몇 개인가요?

하루에 푼 수학 문제 수: ☐ 개, 날수: ☐ 일

(20일 동안 푼 수학 문제 수)＝(하루에 푼 수학 문제 수)×(날수)

＝ ☐ × ☐ ＝ ☐ (개)   답 ☐ 개

속담 완성하기

곱셈을 한 후 계산 결과에 해당하는 곳에 글자를 써넣으면 속담을 완성할 수 있습니다. 속담을 완성하세요.

50×50
무

39×60
가

72×40
번

11×80
넘

86×30
안

열　2880　찍　어　2580

880　어　2340　는　나　2500　없　다

월 ___ 일

 교과서 곱셈

❾ (몇)×(몇십몇)

● 4×34를 계산해 볼까요?

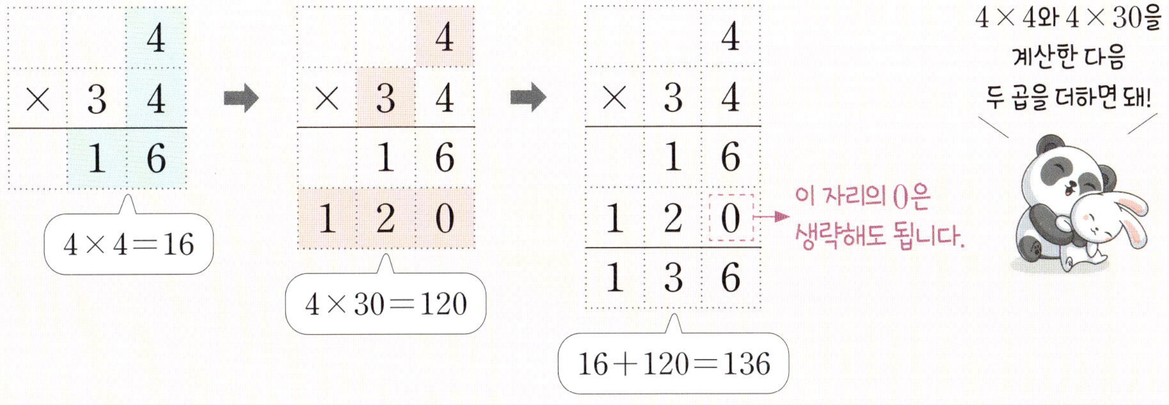

> (몇)×(몇)과 (몇)×(몇십)을 계산한 후 두 곱을 더합니다.

1~6 곱셈을 하세요.

1

```
      8
×  1  2
```

2

```
      3
×  3  6
```

3

```
      4
×  6  2
```

4

```
      2
×  9  5
```

5

```
      5
×  4  4
```

6

```
      6
×  2  7
```

7
$$\begin{array}{r} 4 \\ \times\ 1\ 9 \\ \hline \end{array}$$

8
$$\begin{array}{r} 2 \\ \times\ 2\ 5 \\ \hline \end{array}$$

9
$$\begin{array}{r} 6 \\ \times\ 2\ 6 \\ \hline \end{array}$$

10
$$\begin{array}{r} 5 \\ \times\ 4\ 1 \\ \hline \end{array}$$

11
$$\begin{array}{r} 9 \\ \times\ 3\ 4 \\ \hline \end{array}$$

12
$$\begin{array}{r} 7 \\ \times\ 4\ 8 \\ \hline \end{array}$$

13
$$\begin{array}{r} 6 \\ \times\ 5\ 3 \\ \hline \end{array}$$

14
$$\begin{array}{r} 3 \\ \times\ 9\ 4 \\ \hline \end{array}$$

15
$$\begin{array}{r} 8 \\ \times\ 2\ 9 \\ \hline \end{array}$$

16
$$\begin{array}{r} 4 \\ \times\ 7\ 5 \\ \hline \end{array}$$

17 4×21

18 3×32

19 7×45

20 6×74

21 2×99

22 5×58

23 9×19

24

2	
64	

25

4	
28	

26

9	
16	

27

5	
57	

28 ×

3	89	
7	53	

29 ×

8	37	
6	18	

30 ×

9	47	
5	62	

31 ×

8	94	
6	75	

연산⁺

운동장에 학생들이 한 줄에 9명씩 28줄로 서 있습니다. 운동장에 줄을 선 학생은 모두 몇 명인가요?

한 줄에 서 있는 학생 수: ☐ 명, 줄 수: ☐ 줄

(줄을 선 학생 수)＝(한 줄에 서 있는 학생 수)×(줄 수)

＝ ☐ × ☐ ＝ ☐ (명)　　　　　답 ☐ 명

색칠하기

빈 곳을 색칠하려고 합니다. 색칠 열쇠 의 계산 결과가 있는 곳을 찾아 같은 색으로 색칠하세요.

186

288

356

322

200

색칠 열쇠

2×93	8×25	7×46	4×89	9×32
빨간색	파란색	주황색	초록색	노란색

오늘 나의 실력을 평가해 봐!

 부모님 응원 한마디

⑩ 올림이 없는 (몇십몇)×(몇십몇)

● 12×14를 계산해 볼까요?

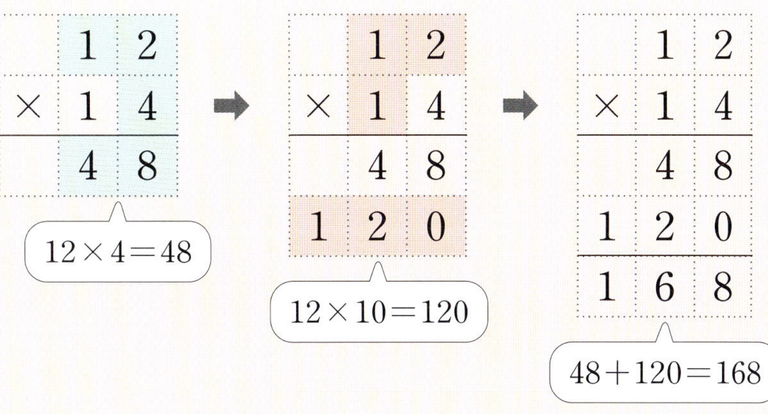

(몇십몇)×(몇)과 (몇십몇)×(몇십)을 계산한 후 두 곱을 더합니다.

1~6 곱셈을 하세요.

1

```
    1 2
×   3 1
```

3

```
    1 4
×   2 1
```

5

```
    2 1
×   2 4
```

2

```
    2 3
×   2 3
```

4

```
    3 2
×   2 2
```

6

```
    8 9
×   1 1
```

7
$$\begin{array}{r} 1\ 1 \\ \times\ 1\ 4 \\ \hline \end{array}$$

8
$$\begin{array}{r} 2\ 1 \\ \times\ 1\ 3 \\ \hline \end{array}$$

9
$$\begin{array}{r} 1\ 3 \\ \times\ 1\ 3 \\ \hline \end{array}$$

10
$$\begin{array}{r} 4\ 2 \\ \times\ 1\ 2 \\ \hline \end{array}$$

11
$$\begin{array}{r} 2\ 2 \\ \times\ 1\ 4 \\ \hline \end{array}$$

12
$$\begin{array}{r} 4\ 7 \\ \times\ 1\ 1 \\ \hline \end{array}$$

13
$$\begin{array}{r} 3\ 2 \\ \times\ 1\ 2 \\ \hline \end{array}$$

14
$$\begin{array}{r} 5\ 3 \\ \times\ 1\ 1 \\ \hline \end{array}$$

15
$$\begin{array}{r} 7\ 2 \\ \times\ 1\ 1 \\ \hline \end{array}$$

16
$$\begin{array}{r} 1\ 1 \\ \times\ 1\ 6 \\ \hline \end{array}$$

17 32×21

18 11×11

19 24×12

20 43×12

21 22×44

22 51×11

23 33×21

 빈칸에 두 수의 곱을 써넣으세요.　　 빈칸에 알맞은 수를 써넣으세요.

24

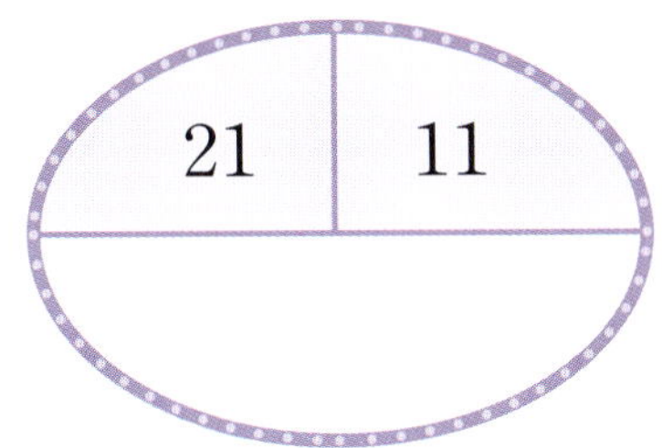

28

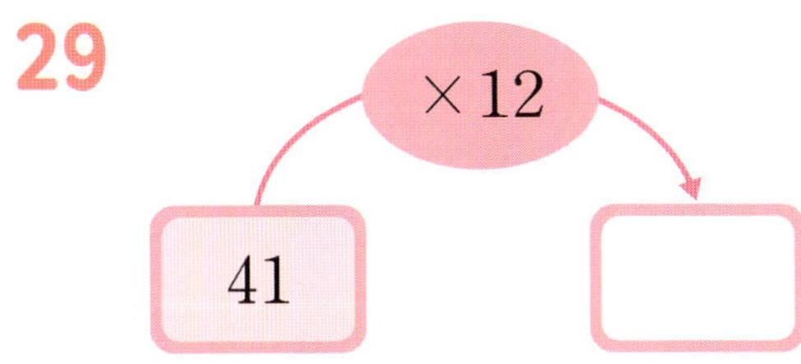

25

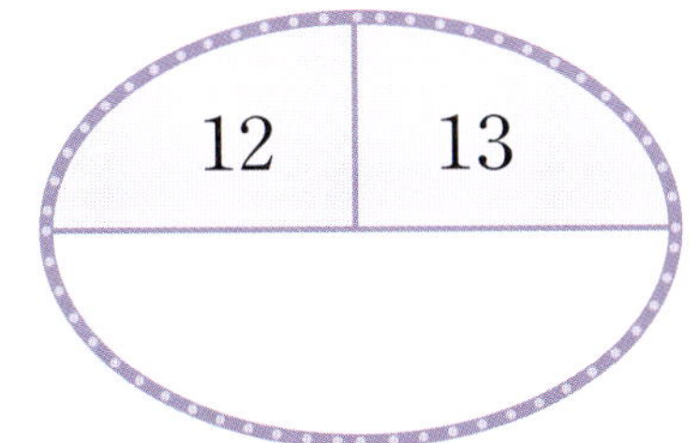

29

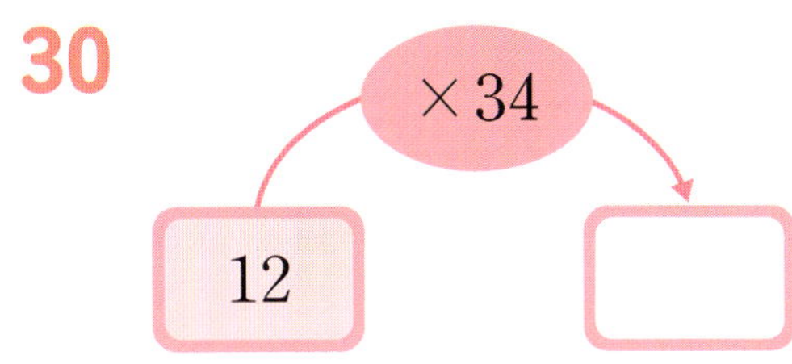

26

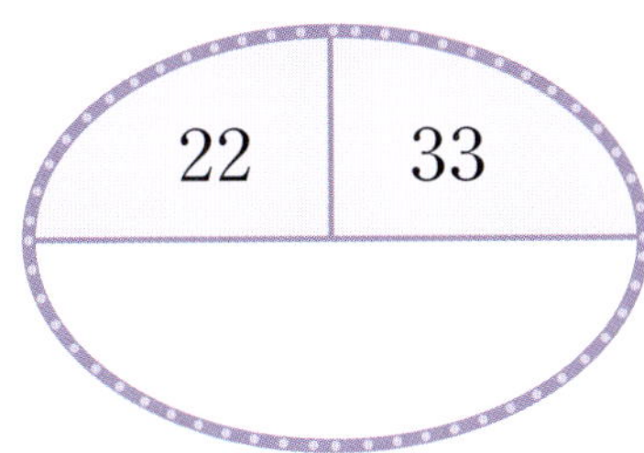

30

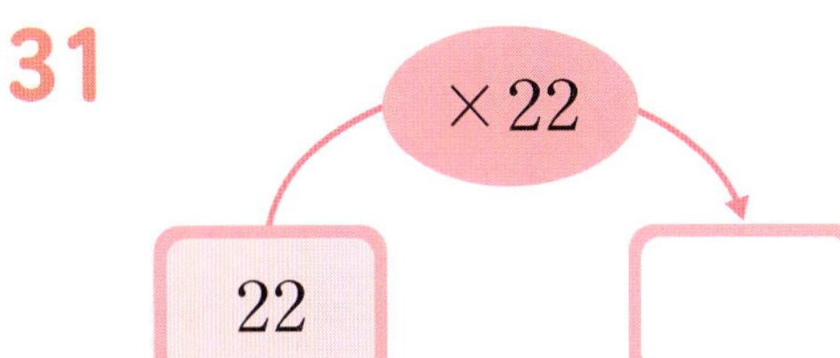

27

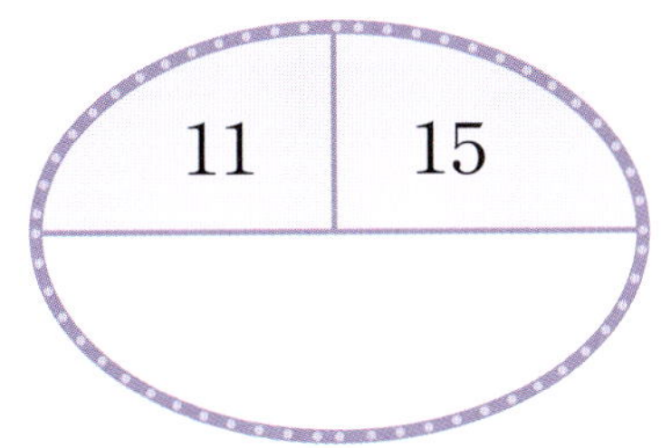

31

야구공이 한 상자에 12개씩 들어 있습니다. 23상자에 들어 있는 야구공은 모두 몇 개인가요?

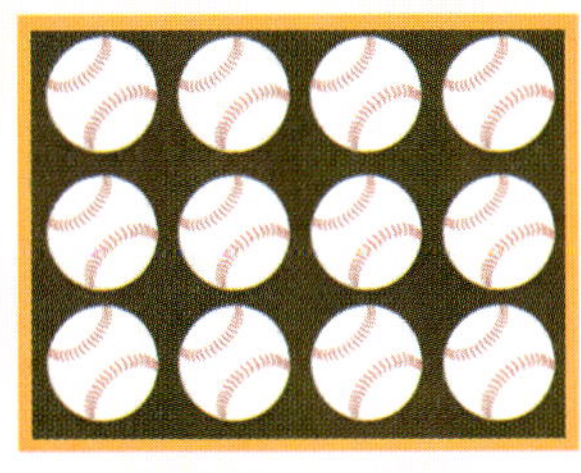

한 상자에 들어 있는 야구공 수: ☐ 개, 상자 수: ☐ 상자

(전체 야구공 수)＝(한 상자에 들어 있는 야구공 수)×(상자 수)

　　　　＝ ☐ × ☐ ＝ ☐ (개)

답 ☐ 개

의상 고르기

현경이가 학교에 입고갈 의상을 고르려고 합니다. 보기 의 계산 결과에 해당하는 의상을 각각 골라 □ 안에 알맞은 기호를 써넣으세요.

보기

- 윗옷: 13×31　　- 아래옷: 39×11　　- 신발: 12×24　　- 모자: 21×21

현경

- 윗옷: □
- 아래옷: □
- 신발: □
- 모자: □

교과서 곱셈

⑪ 올림이 한 번 있는 (몇십몇)×(몇십몇)(1)

● 13×26을 계산해 볼까요?

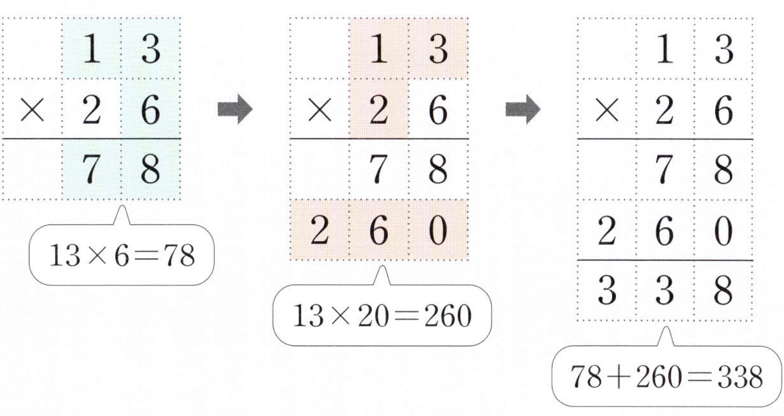

$$13 \times 6 = 78$$

$$13 \times 20 = 260$$

$$78 + 260 = 338$$

13×6과 13×20을 계산한 다음 두 곱을 더하면 돼!

> (몇십몇)×(몇)과 (몇십몇)×(몇십)을 계산한 후 두 곱을 더합니다.

1~6 곱셈을 하세요.

1

```
    1 6
×   1 2
```

3

```
    6 1
×   1 6
```

5

```
    1 5
×   4 1
```

2

```
    2 4
×   2 3
```

4

```
    4 2
×   1 3
```

6

```
    3 9
×   2 1
```

7~28 곱셈을 하세요.

7   1 2
  × 1 8
	12 3 1
	  × 2 7
		17 1 4
		  × 1 7

8   2 5
  × 1 3
	13 7 4
	  × 1 2
		18 2 3
		  × 2 4

9   4 6
  × 2 1
	14 2 1
	  × 4 7
		19 5 4
		  × 1 2

10   2 8
  × 3 1
	15 5 3
	  × 1 3
		20 2 3
		  × 4 2

11   5 2
  × 1 3
	16 1 3
	  × 3 4
		21 4 1
		  × 1 9

22 25×12

23 13×52

24 24×14

25 23×24

26 72×12

27 15×61

28 32×24

29

30
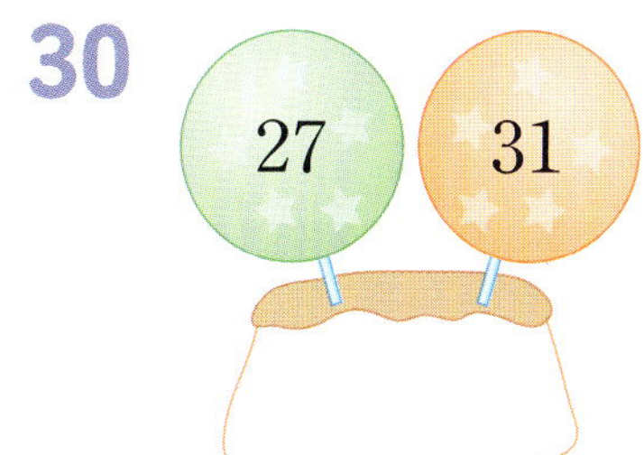

31
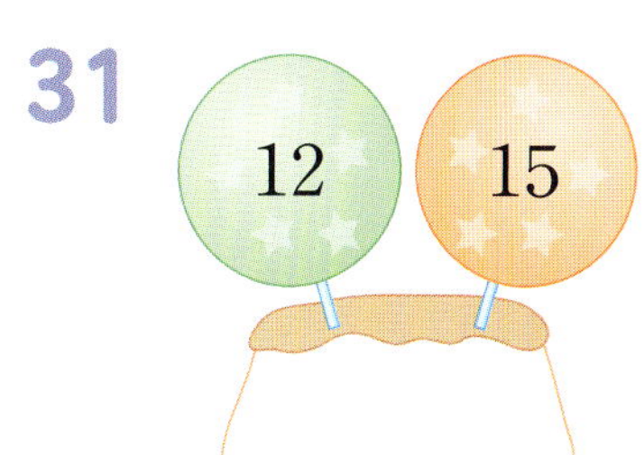

32
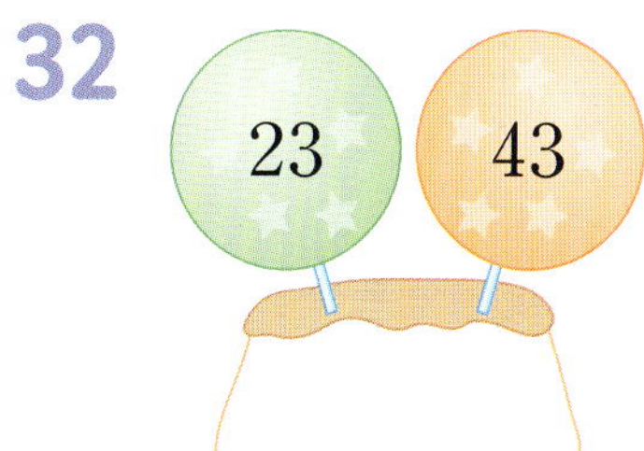

33

학교 찾기

태형이는 학교에 가려고 합니다. 갈림길 문제의 계산 결과를 따라가면 학교에 도착할 수 있습니다. 길을 올바르게 따라가 가려고 하는 학교를 찾아 ◯표 하세요.

출발

$$19 \times 14$$

166   266

$$31 \times 16 \qquad 21 \times 38$$

649   496   798   698

$$17 \times 51 \qquad 27 \times 13 \qquad 15 \times 21$$

867   767   331   351   215   315

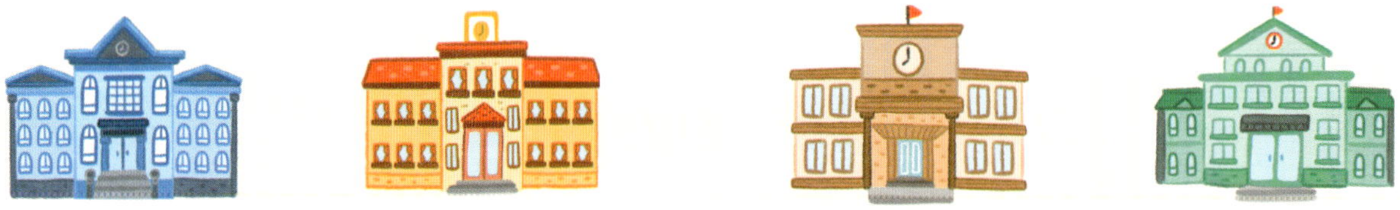

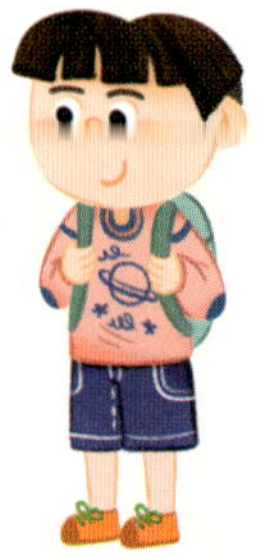

(   )   (   )   (   )   (   )

⑫ 올림이 한 번 있는 (몇십몇)×(몇십몇) (2)

● 32×43을 계산해 볼까요?

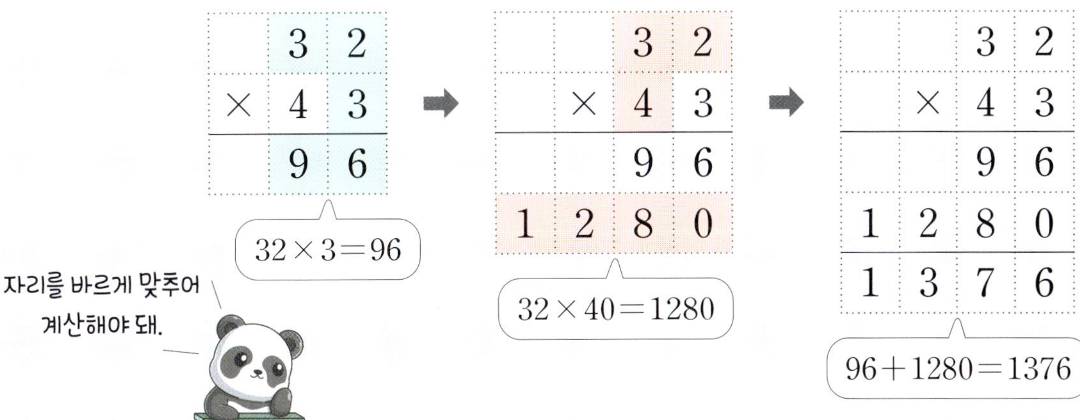

1~6 곱셈을 하세요.

1

$$\begin{array}{r} 1\ 4 \\ \times\ 6\ 2 \\ \hline \end{array}$$

3

$$\begin{array}{r} 4\ 1 \\ \times\ 1\ 8 \\ \hline \end{array}$$

5

$$\begin{array}{r} 9\ 3 \\ \times\ 1\ 3 \\ \hline \end{array}$$

2

$$\begin{array}{r} 2\ 6 \\ \times\ 3\ 1 \\ \hline \end{array}$$

4

$$\begin{array}{r} 1\ 2 \\ \times\ 4\ 6 \\ \hline \end{array}$$

6

$$\begin{array}{r} 8\ 1 \\ \times\ 7\ 1 \\ \hline \end{array}$$

7
$$\begin{array}{r} 1\ 7 \\ \times\ 5\ 1 \\ \hline \end{array}$$

8
$$\begin{array}{r} 8\ 2 \\ \times\ 2\ 1 \\ \hline \end{array}$$

9
$$\begin{array}{r} 4\ 1 \\ \times\ 5\ 1 \\ \hline \end{array}$$

10
$$\begin{array}{r} 9\ 2 \\ \times\ 2\ 1 \\ \hline \end{array}$$

11
$$\begin{array}{r} 6\ 1 \\ \times\ 8\ 1 \\ \hline \end{array}$$

12
$$\begin{array}{r} 3\ 1 \\ \times\ 5\ 3 \\ \hline \end{array}$$

13
$$\begin{array}{r} 1\ 3 \\ \times\ 3\ 5 \\ \hline \end{array}$$

14
$$\begin{array}{r} 6\ 1 \\ \times\ 1\ 9 \\ \hline \end{array}$$

15
$$\begin{array}{r} 2\ 5 \\ \times\ 3\ 1 \\ \hline \end{array}$$

16
$$\begin{array}{r} 5\ 3 \\ \times\ 3\ 1 \\ \hline \end{array}$$

17 31×51

18 14×52

19 31×39

20 94×12

21 49×21

22 81×31

23 41×91

24

62	31

25

41	27

26

21	49

27

91	31

승아는 영어 단어를 하루에 31개씩 외웠습니다. 승아가 35일 동안 외운 영어 단어는 모두 몇 개인가요?

하루에 외운 영어 단어 수: ☐ 개, 날수: ☐ 일

(35일 동안 외운 영어 단어 수)=(하루에 외운 영어 단어 수)×(날수)

$$= ☐ × ☐ = ☐ \text{(개)} \qquad 답 \ ☐ \ 개$$

장난감 찾기

뽑기 기계의 4개의 캡슐 안에 장난감이 1개씩 들어 있습니다. 장난감들이 하는 말을 보고 장난감이 각각 어느 캡슐에 들어 있는지 찾아 □ 안에 알맞은 기호를 써넣으세요.

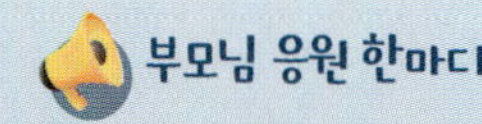

⑬ 올림이 여러 번 있는 (몇십몇)×(몇십몇)(1)

● 46×37을 계산해 볼까요?

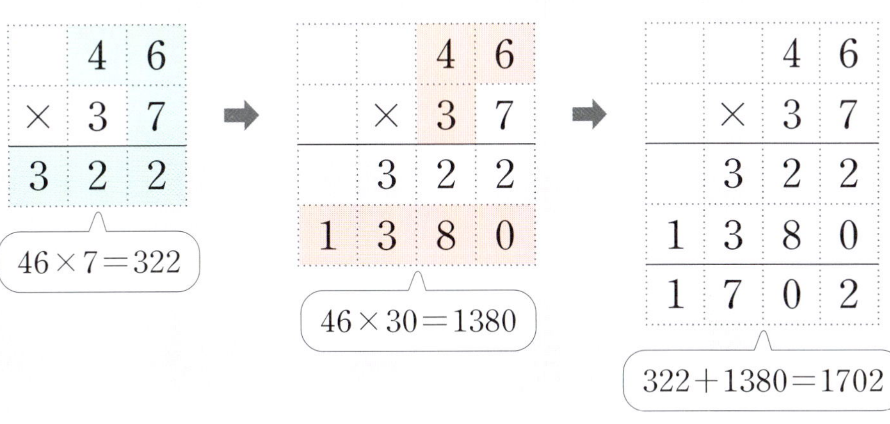

> (몇십몇)×(몇)과 (몇십몇)×(몇십)을 계산한 후 두 곱을 더합니다.

1~6 곱셈을 하세요.

1
$$\begin{array}{r} 1\ 6 \\ \times\ 2\ 5 \\ \hline \end{array}$$

2
$$\begin{array}{r} 1\ 7 \\ \times\ 5\ 3 \\ \hline \end{array}$$

3
$$\begin{array}{r} 2\ 3 \\ \times\ 5\ 9 \\ \hline \end{array}$$

4
$$\begin{array}{r} 4\ 8 \\ \times\ 2\ 5 \\ \hline \end{array}$$

5
$$\begin{array}{r} 3\ 2 \\ \times\ 6\ 4 \\ \hline \end{array}$$

6
$$\begin{array}{r} 6\ 7 \\ \times\ 4\ 2 \\ \hline \end{array}$$

7~28 곱셈을 하세요.

7
$$\begin{array}{r} 3\,7 \\ \times\ 8\,2 \\ \hline \end{array}$$

8
$$\begin{array}{r} 4\,9 \\ \times\ 5\,6 \\ \hline \end{array}$$

9
$$\begin{array}{r} 2\,5 \\ \times\ 4\,8 \\ \hline \end{array}$$

10
$$\begin{array}{r} 6\,6 \\ \times\ 7\,4 \\ \hline \end{array}$$

11
$$\begin{array}{r} 3\,8 \\ \times\ 5\,3 \\ \hline \end{array}$$

12
$$\begin{array}{r} 4\,4 \\ \times\ 6\,3 \\ \hline \end{array}$$

13
$$\begin{array}{r} 2\,5 \\ \times\ 9\,6 \\ \hline \end{array}$$

14
$$\begin{array}{r} 5\,3 \\ \times\ 8\,2 \\ \hline \end{array}$$

15
$$\begin{array}{r} 9\,4 \\ \times\ 2\,2 \\ \hline \end{array}$$

16
$$\begin{array}{r} 3\,7 \\ \times\ 8\,6 \\ \hline \end{array}$$

17
$$\begin{array}{r} 7\,5 \\ \times\ 2\,8 \\ \hline \end{array}$$

18
$$\begin{array}{r} 8\,4 \\ \times\ 5\,9 \\ \hline \end{array}$$

19
$$\begin{array}{r} 3\,5 \\ \times\ 3\,7 \\ \hline \end{array}$$

20
$$\begin{array}{r} 2\,8 \\ \times\ 4\,4 \\ \hline \end{array}$$

21
$$\begin{array}{r} 5\,2 \\ \times\ 5\,4 \\ \hline \end{array}$$

22 37×45

23 78×23

24 56×39

25 28×87

26 85×25

27 46×64

28 73×52

29~34 빈칸에 알맞은 수를 써넣으세요.

29

17	36	

30

76	24	

31

38	37	

32

49	98	

33

93	52	

34

66	59	

사다리 타기

사다리 타기는 세로선을 따라 아래로 내려가다가 가로선을 만나면 가로로 이동하고, 다시 세로선을 만나면 세로선을 따라 아래로 내려가는 놀이입니다. 주어진 식의 계산 결과를 사다리를 타고 내려가서 도착한 곳에 써넣으세요.

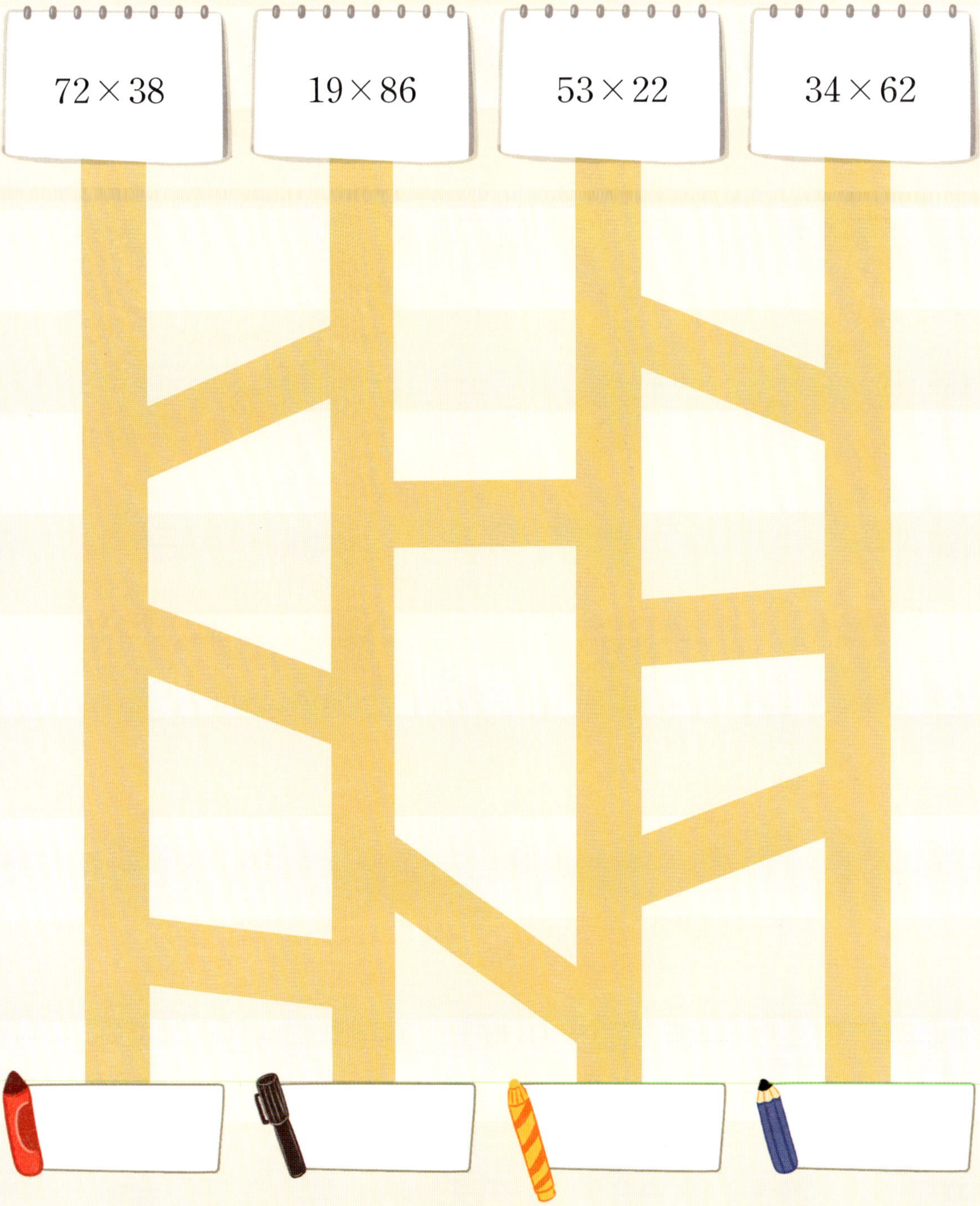

| 72×38 | 19×86 | 53×22 | 34×62 |

⑭ 올림이 여러 번 있는 (몇십몇)×(몇십몇)(2)

● 52×78을 계산해 볼까요?

$52 \times 8 = 416$

$52 \times 70 = 3640$

$416 + 3640 = 4056$

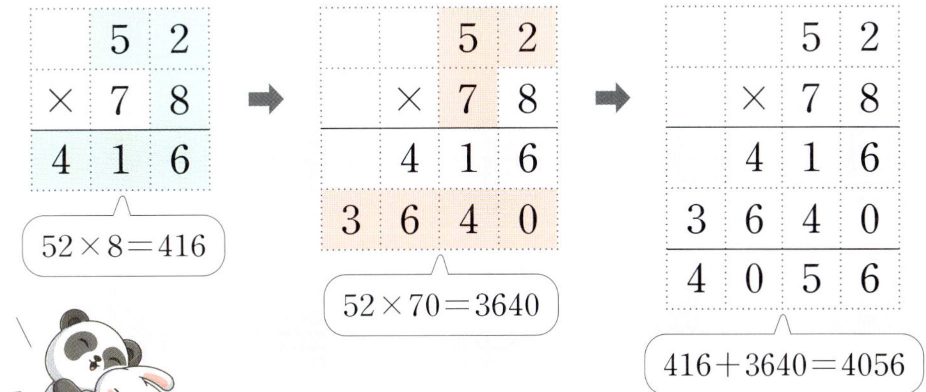

1~6 곱셈을 하세요.

1
$$\begin{array}{r} 1\ 7 \\ \times\ 6\ 5 \\ \hline \end{array}$$

3
$$\begin{array}{r} 9\ 4 \\ \times\ 3\ 5 \\ \hline \end{array}$$

5
$$\begin{array}{r} 8\ 2 \\ \times\ 4\ 3 \\ \hline \end{array}$$

2
$$\begin{array}{r} 3\ 8 \\ \times\ 4\ 4 \\ \hline \end{array}$$

4
$$\begin{array}{r} 2\ 5 \\ \times\ 5\ 6 \\ \hline \end{array}$$

6
$$\begin{array}{r} 4\ 9 \\ \times\ 7\ 3 \\ \hline \end{array}$$

7~23 **곱셈을 하세요.**

7
```
    5 4
  ×  3 6
```

8
```
    7 2
  ×  3 7
```

9
```
    3 9
  ×  8 2
```

10
```
    1 8
  ×  7 9
```

11
```
    4 5
  ×  6 3
```

12
```
    9 5
  ×  6 7
```

13
```
    3 9
  ×  8 8
```

14
```
    6 7
  ×  3 2
```

15
```
    2 5
  ×  9 2
```

16
```
    5 9
  ×  3 3
```

17 14×75

18 23×54

19 82×22

20 44×53

21 74×39

22 62×69

23 37×95

24

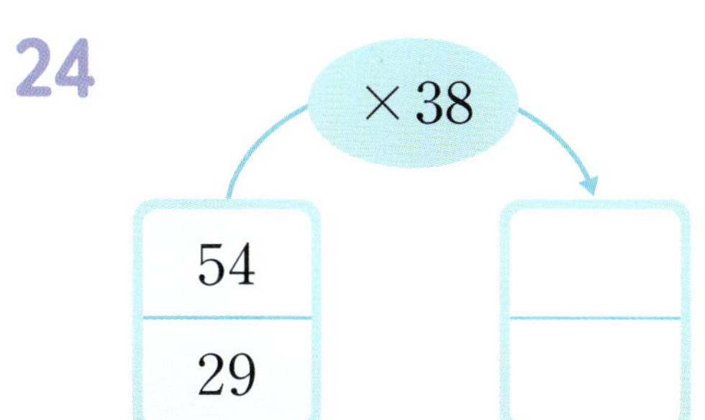

27

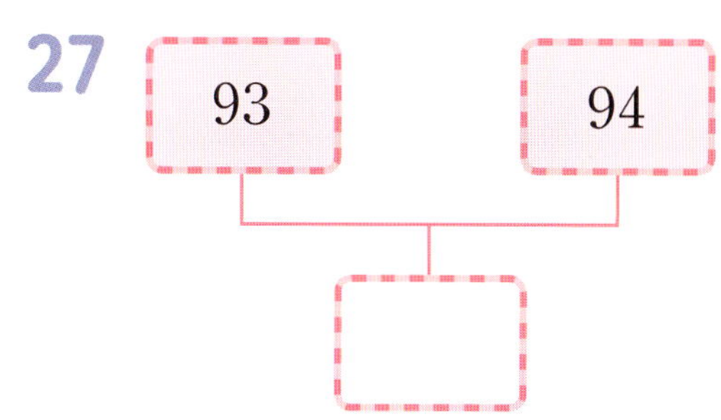

25

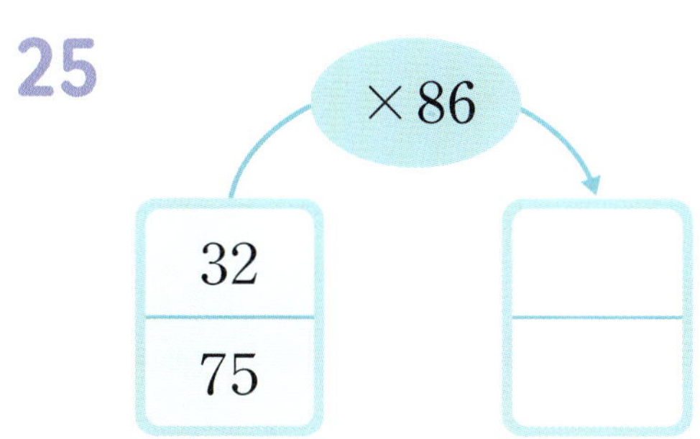

28

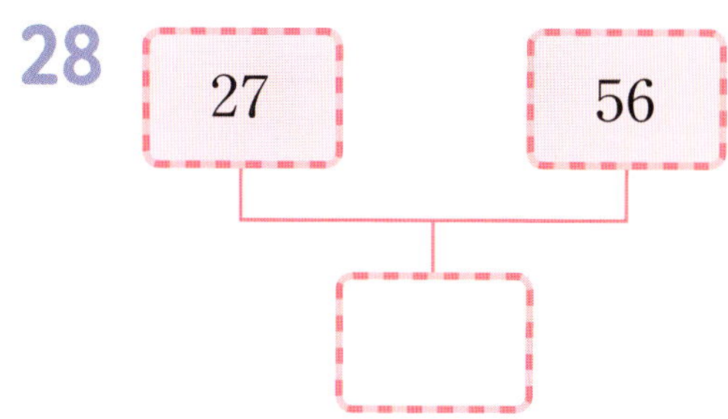

26

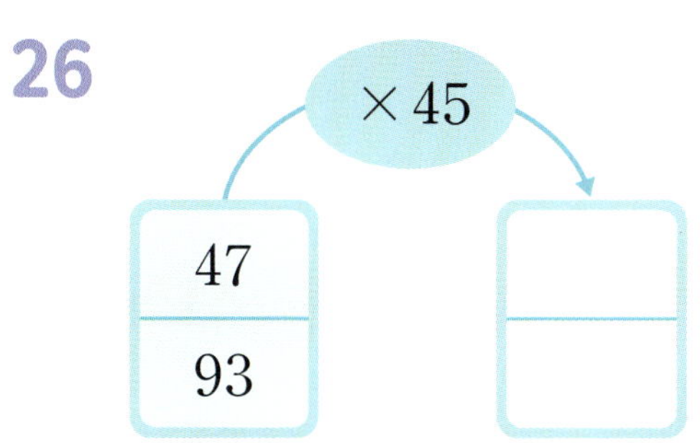

29

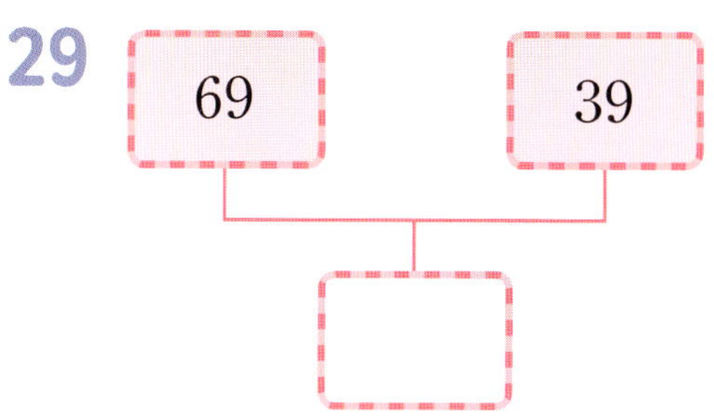

은환이가 친구들과 정리한 색연필은 모두 몇 자루인가요?

은환

한 상자에 담은 색연필 수: ☐ 자루, 상자 수: ☐ 상자

(정리한 색연필 수)＝(한 상자에 담은 색연필 수)×(상자 수)

= ☐ × ☐ = ☐ (자루)   답 ☐ 자루

선 잇기

친구들이 연을 날리고 있습니다. 계산 결과를 찾아 선으로 이으세요.

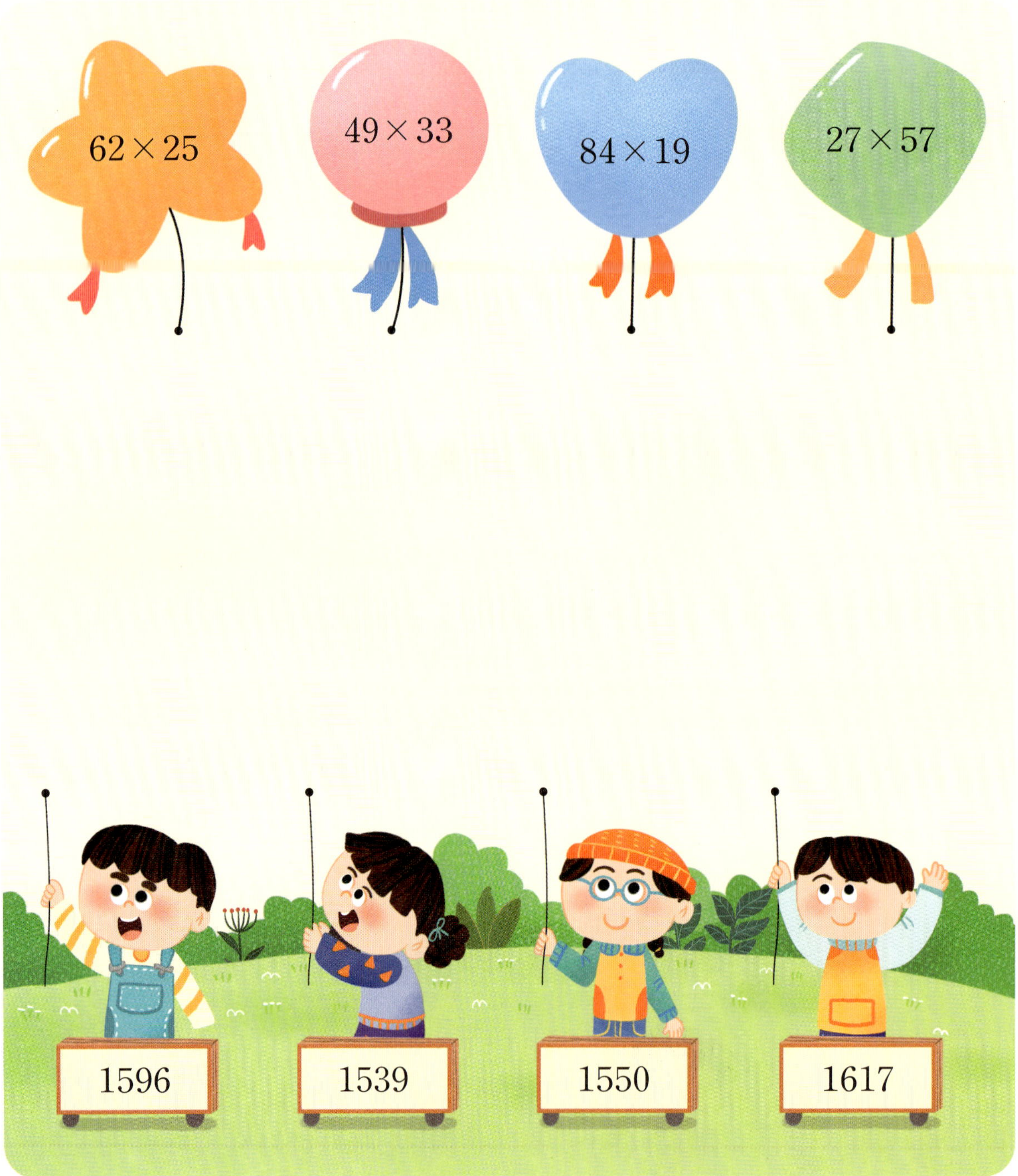

62×25

49×33

84×19

27×57

1596

1539

1550

1617

오늘 나의 실력을 평가해 봐!

부모님 응원 한마디

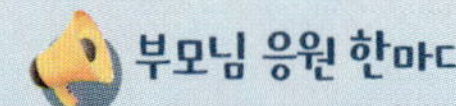

마무리 연산

1~2 수 모형을 보고 □ 안에 알맞은 수를 써넣으세요.

1 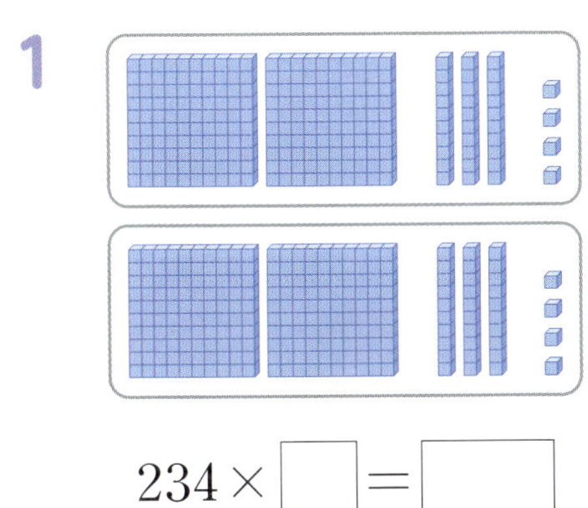

$$234 \times \boxed{} = \boxed{}$$

2

$$116 \times \boxed{} = \boxed{}$$

3~8 곱셈을 하세요.

3
$$\begin{array}{r} 3\ 2\ 1 \\ \times \qquad 2 \\ \hline \end{array}$$

5
$$\begin{array}{r} 7\ 4 \\ \times\ 5\ 0 \\ \hline \end{array}$$

7
$$\begin{array}{r} 2\ 2 \\ \times\ 3\ 7 \\ \hline \end{array}$$

4
$$\begin{array}{r} 5\ 2\ 7 \\ \times \qquad 6 \\ \hline \end{array}$$

6
$$\begin{array}{r} 1\ 1 \\ \times\ 2\ 6 \\ \hline \end{array}$$

8
$$\begin{array}{r} 5\ 5 \\ \times\ 2\ 8 \\ \hline \end{array}$$

9~17 곱셈을 하세요.

9 212×3

12 60×80

15 41×17

10 708×2

13 93×40

16 84×79

11 593×9

14 7×65

17 36×93

18 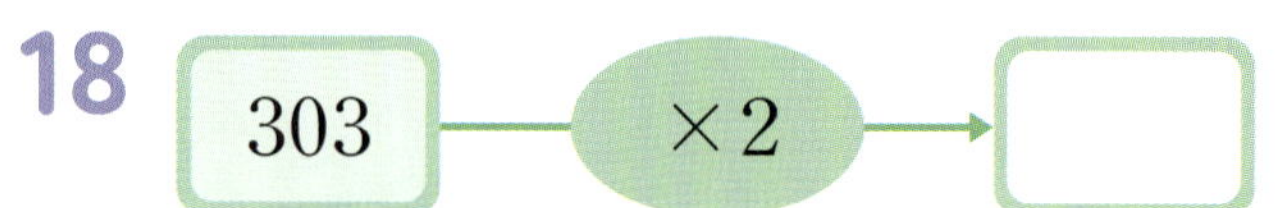

20 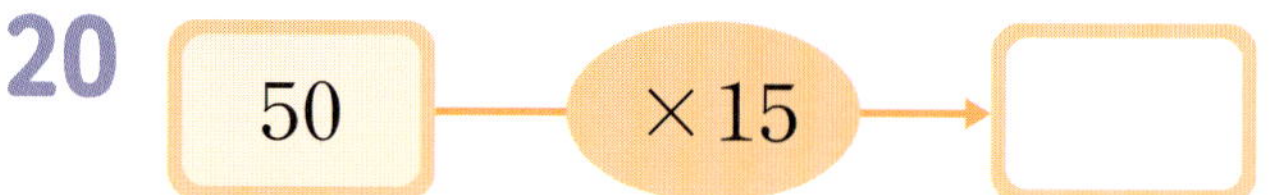

19 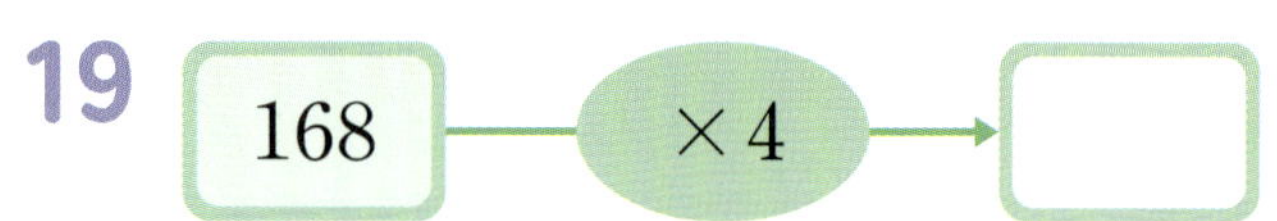

21 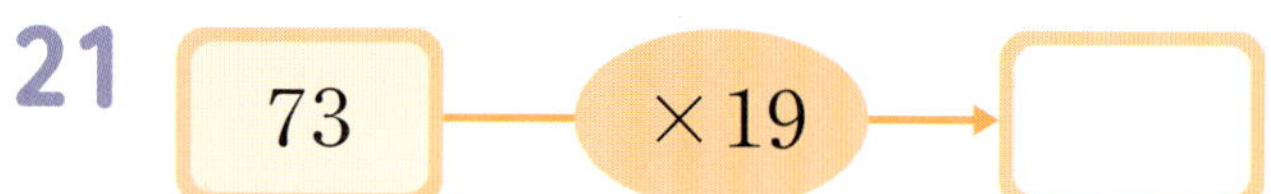

22~25　빈칸에 두 수의 곱을 써넣으세요.

22 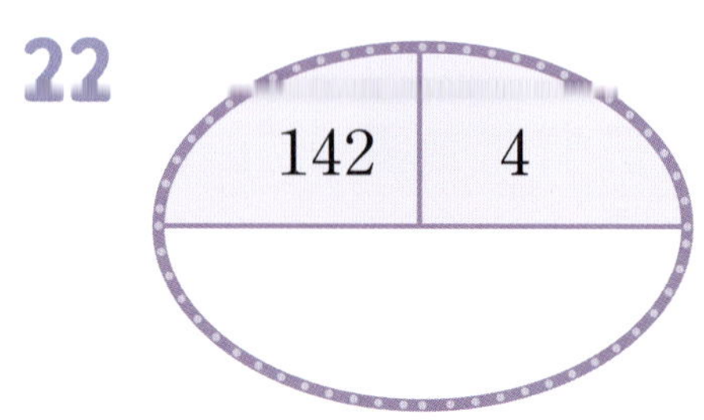

24 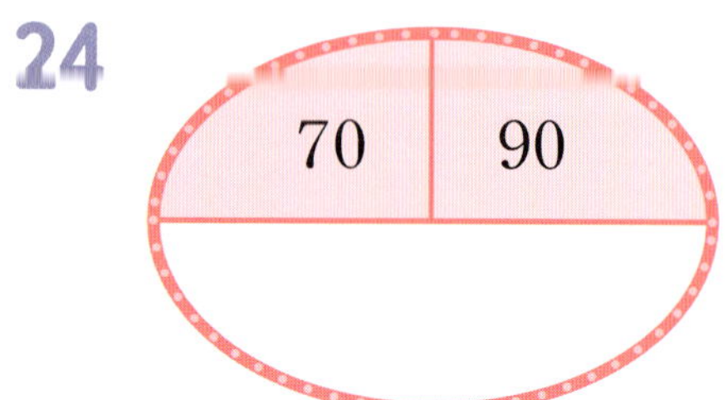

23 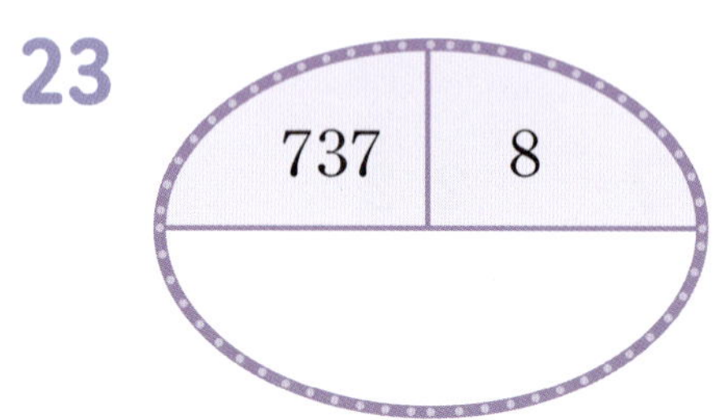

25 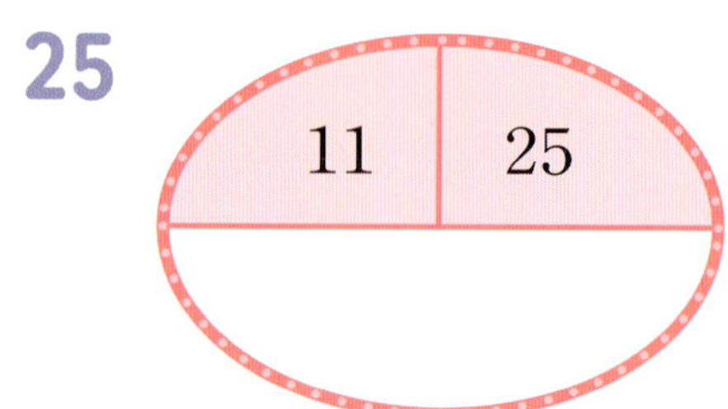

26~29　빈칸에 알맞은 수를 써넣으세요.

26 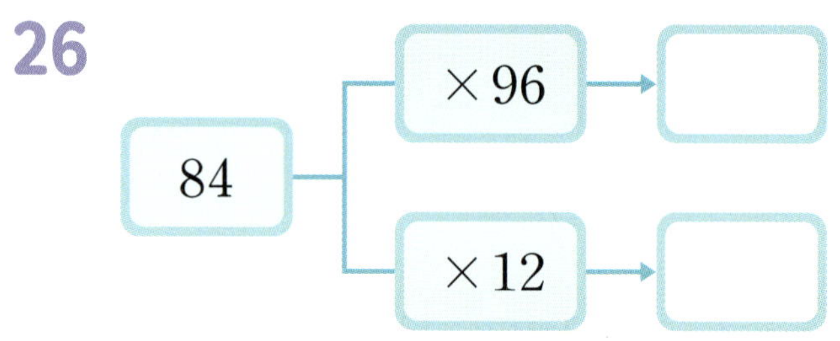

28 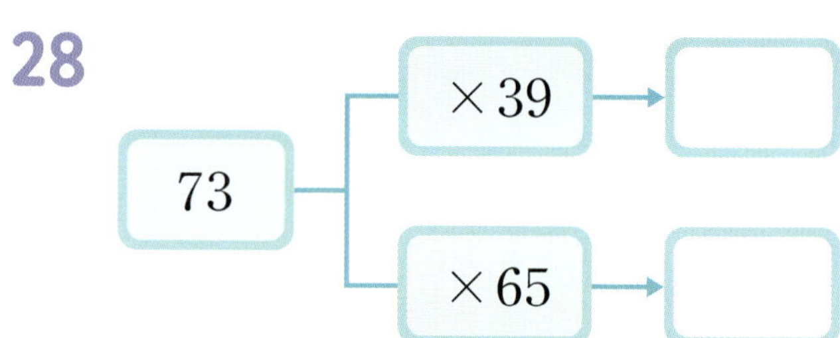

27

29 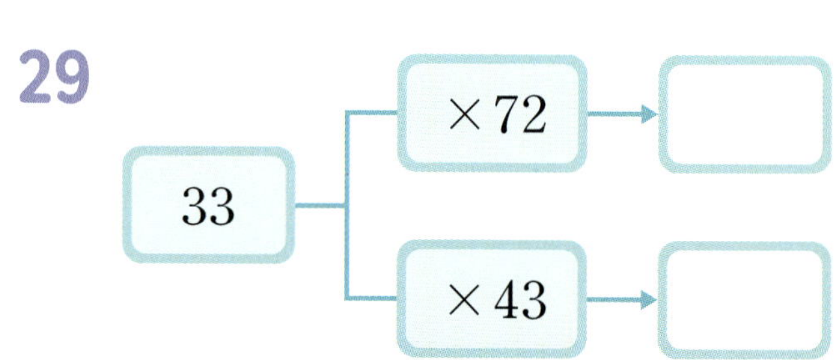

30 36×74와 계산 결과가 같은 곱셈식에 ◯표 하세요.

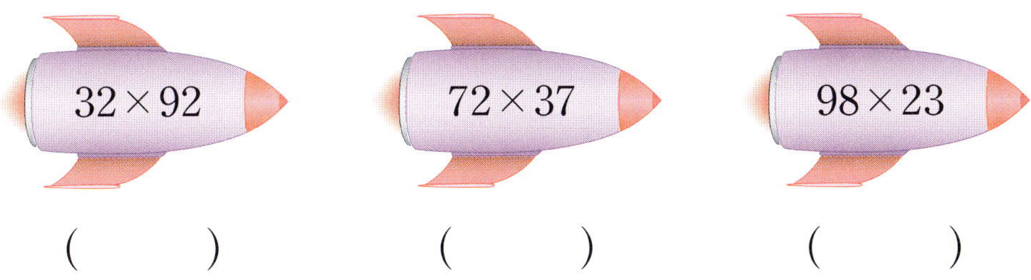

(　　　)　　　(　　　)　　　(　　　)

31 가장 큰 수와 가장 작은 수의 곱을 구하세요.

395　　6　　80

(　　　　　　　　　　　)

32 계산 결과를 비교하여 ◯ 안에 >, =, <를 알맞게 써넣으세요.

53×23　◯　37×35

33 계산 결과에 알맞은 글자를 찾아 빈칸에 써넣으세요.

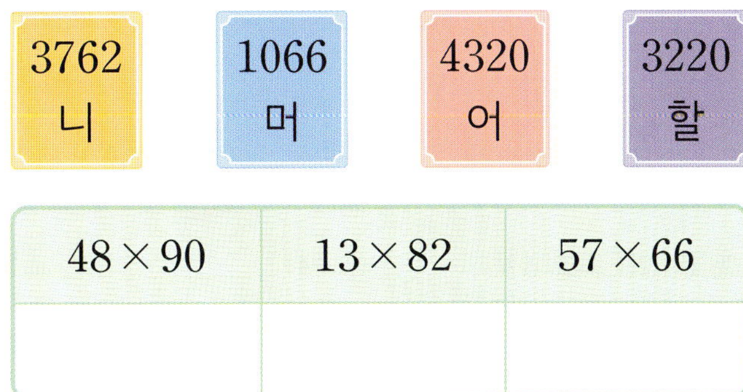

48 × 90	13 × 82	57 × 66

34 곰 인형을 하루에 141개씩 만드는 공장이 있습니다. 이 공장에서 일주일 동안 만들 수 있는 곰 인형은 모두 몇 개인가요?

식

답

35 어느 버스 터미널에서는 버스가 하루에 398대씩 출발합니다. 이 버스 터미널에서 4일 동안 출발하는 버스는 모두 몇 대인가요?

식

답

36 보현이는 연필을 사면서 50원짜리 동전 29개를 냈습니다. 보현이가 낸 돈은 얼마인가요?

식

답

37 어느 케이블카는 한 번에 최대 36명까지 태울 수 있고, 하루에 74번 운행됩니다. 하루 동안 이 케이블카를 탈 수 있는 사람은 최대 몇 명인가요?

식

답

① (몇십)÷(몇)

● 6÷3을 이용하여 60÷3을 계산해 보고, 세로로 쓰는 방법을 알아볼까요?

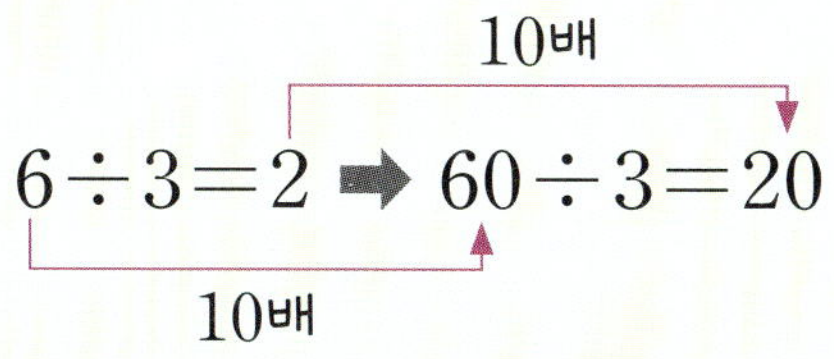

$$6 \div 3 = 2 \Rightarrow 60 \div 3 = 20$$

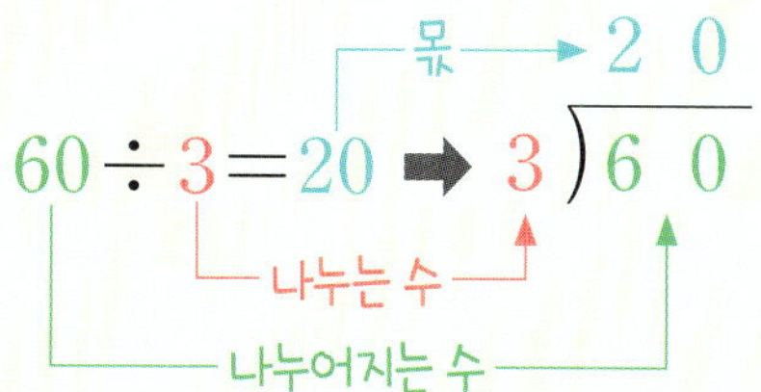

$$60 \div 3 = 20 \Rightarrow 3\,)\,\overline{6\ 0}$$

● 70÷2를 계산해 볼까요?

$$2\,)\,\overline{\begin{matrix}3\\7\ 0\\6\ 0\\1\ 0\end{matrix}} \leftarrow 2 \times 30 = 60$$

$$2\,)\,\overline{\begin{matrix}3\ 5\\7\ 0\\6\ 0\\1\ 0\\1\ 0\\0\end{matrix}}$$

$\leftarrow 2 \times 5 = 10$

이 자리의 0은 안 써도 돼요.

> (몇십)의 십의 자리부터 순서대로 (몇)으로 나눕니다.

1~4 나눗셈을 하세요.

1 $70 \div 7 = \boxed{}$ ⮕ $7\,)\,\overline{7\ 0}$

3 $90 \div 3 = \boxed{}$ ⮕ $3\,)\,\overline{9\ 0}$

2 $2\,)\,\overline{5\ 0}$

4 $4\,)\,\overline{6\ 0}$

5
$$3\overline{)3\,0}$$

6
$$2\overline{)8\,0}$$

7
$$2\overline{)6\,0}$$

8
$$9\overline{)9\,0}$$

9
$$2\overline{)3\,0}$$

10
$$5\overline{)7\,0}$$

11
$$8\overline{)8\,0}$$

12
$$5\overline{)6\,0}$$

13
$$5\overline{)9\,0}$$

14
$$4\overline{)6\,0}$$

15
$$2\overline{)9\,0}$$

16
$$2\overline{)4\,0}$$

17 $40 \div 4$

18 $50 \div 5$

19 $80 \div 4$

20 $90 \div 3$

21 $60 \div 6$

22 $50 \div 2$

23 $90 \div 6$

24

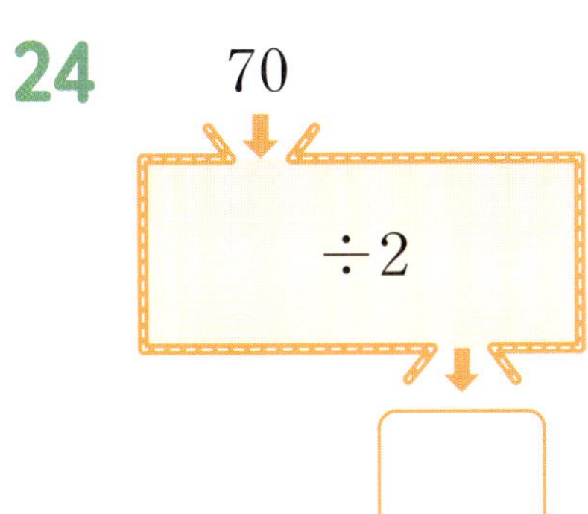

27

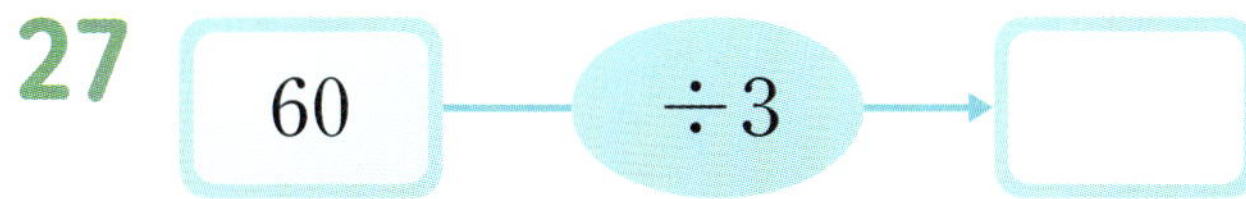

25

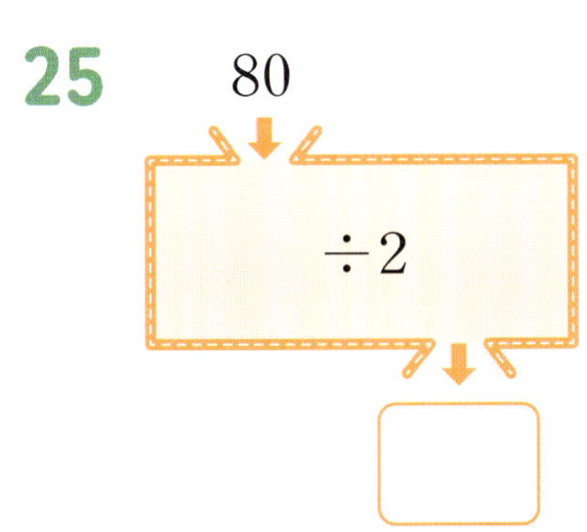

28

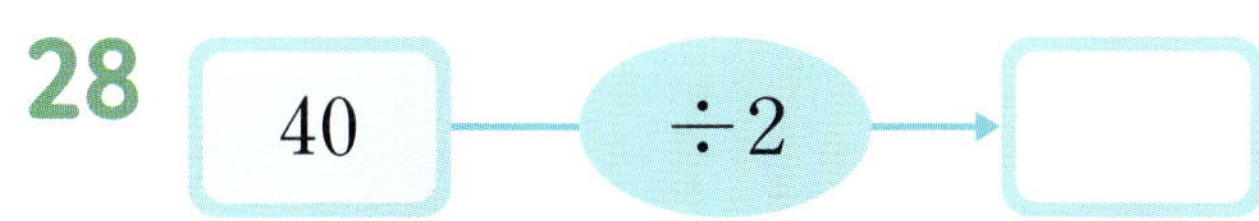

26

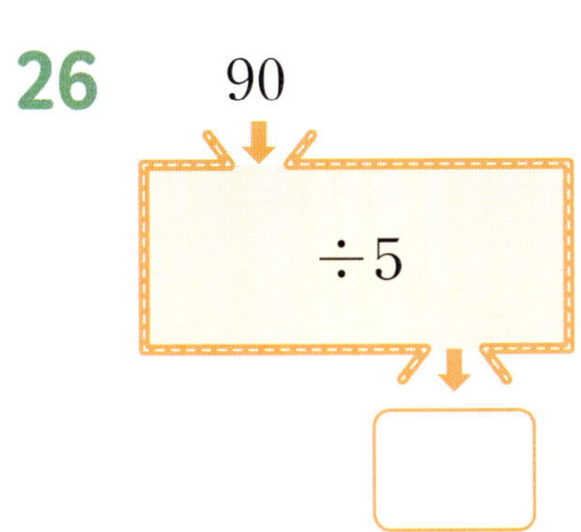

29

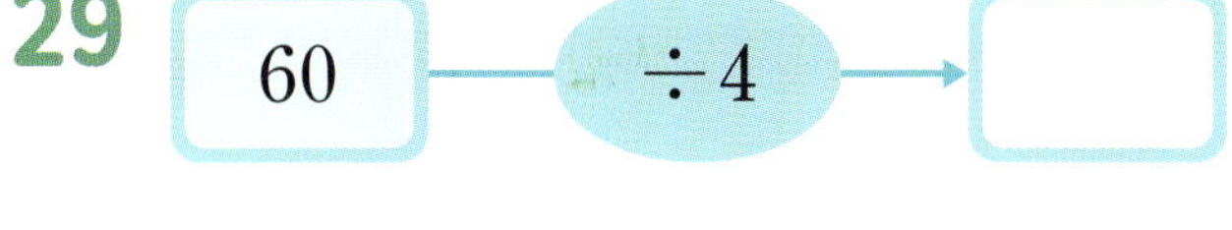

30

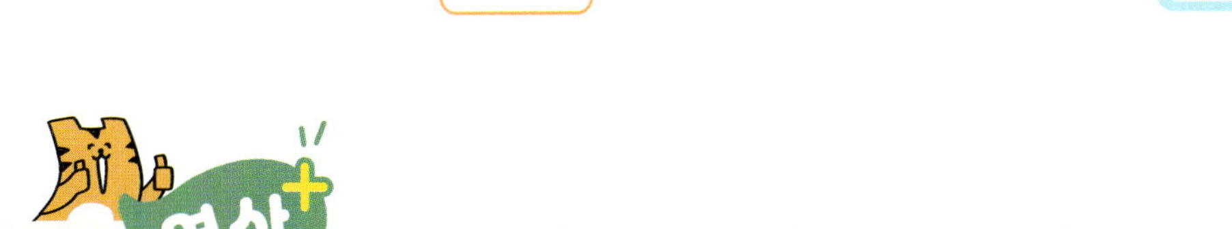

색종이 80장을 5명에게 똑같이 나누어 주려고 합니다. 한 명에게 줄 수 있는 색종이는 몇 장인가요?

전체 색종이 수: ☐ 장, 사람 수: ☐ 명

(한 명에게 줄 수 있는 색종이 수)=(전체 색종이 수)÷(사람 수)

= ☐ ÷ ☐ = ☐ (장)　　　　　 답 ☐ 장

빙고 놀이하기

동원이와 보경이가 빙고 놀이를 하고 있습니다. 빙고 놀이에서 이긴 사람은 누구인가요?

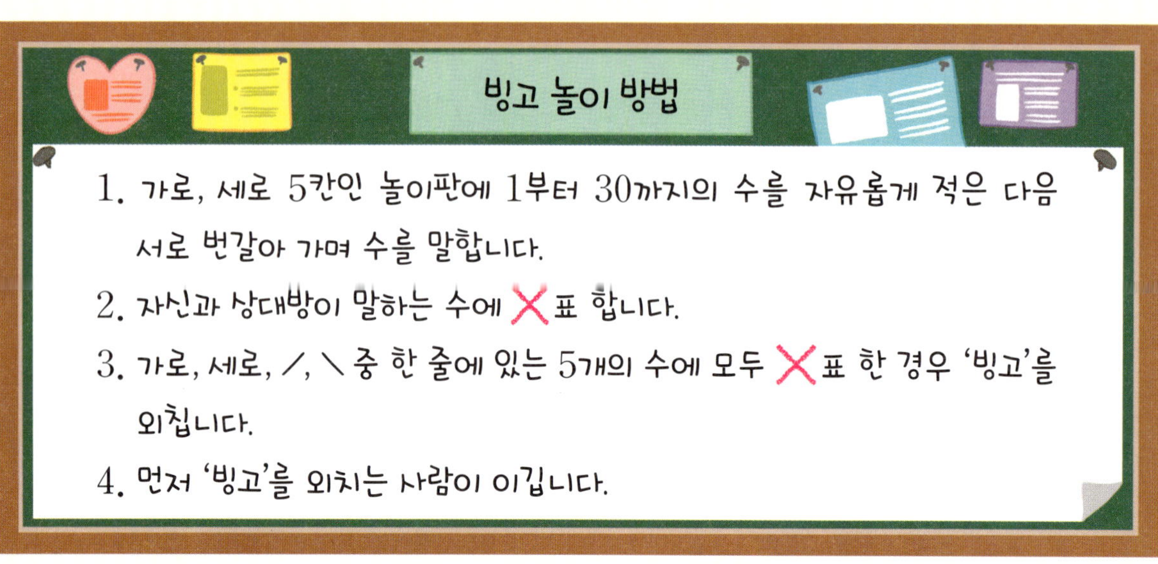

동원이의 놀이판

✕	6	25	9	30
✕	✕	12	14	✕
✕	✕	24	✕	22
27	✕	15	20	7
5	3	19	✕	10

보경이의 놀이판

✕	5	25	16	24
30	✕	6	✕	✕
12	9	18	3	21
✕	✕	✕	14	19
✕	10	✕	1	17

② 내림이 없고 나머지가 없는 (몇십몇)÷(몇)(1)

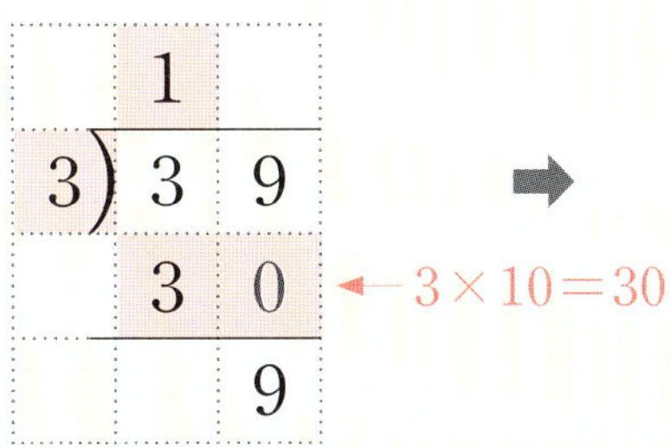

● 39÷3을 계산해 볼까요?

$$3 \times 10 = 30$$

$$3 \times 3 = 9$$

① 십의 자리 수 3에는 3이 1번 들어가므로 몫의 십의 자리에 1을 씁니다.
② 9에는 3이 3번 들어가므로 몫의 일의 자리에 3을 씁니다.

1~6 나눗셈을 하세요.

1   2)4 2

3   3)6 9

5   7)7 7

2   5)5 5

4   4)4 8

6   2)6 4

7~31 나눗셈을 하세요.

7 $2 \overline{)2\ 8}$	**13** $2 \overline{)4\ 6}$	**19** $3 \overline{)6\ 6}$
8 $3 \overline{)9\ 3}$	**14** $2 \overline{)8\ 4}$	**20** $2 \overline{)2\ 4}$
9 $4 \overline{)4\ 8}$	**15** $3 \overline{)6\ 9}$	**21** $4 \overline{)8\ 8}$
10 $6 \overline{)6\ 6}$	**16** $2 \overline{)4\ 4}$	**22** $2 \overline{)4\ 8}$
11 $2 \overline{)8\ 2}$	**17** $2 \overline{)2\ 6}$	**23** $8 \overline{)8\ 8}$
12 $3 \overline{)3\ 6}$	**18** $3 \overline{)6\ 3}$	**24** $2 \overline{)6\ 8}$

25 $39 \div 3$

26 $64 \div 2$

27 $44 \div 2$

28 $96 \div 3$

29 $62 \div 2$

30 $99 \div 9$

31 $84 \div 4$

32~37 빈칸에 알맞은 수를 써넣으세요.

32
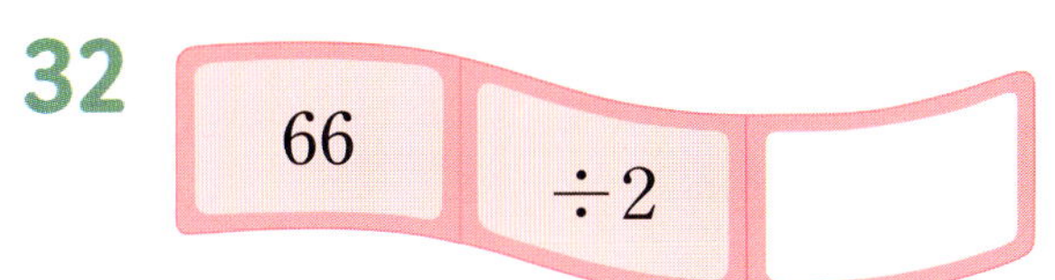

33

34

35
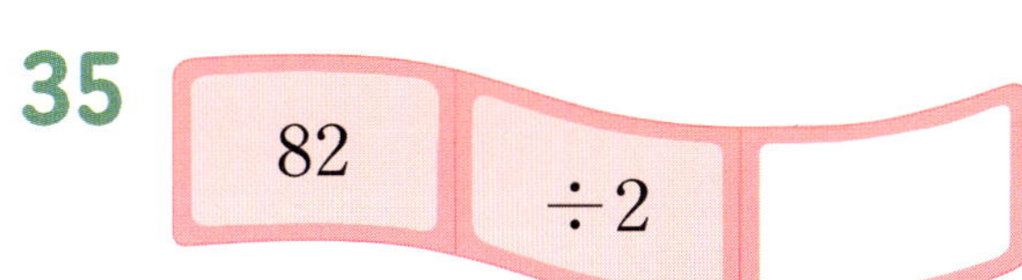

36

37

도둑 찾기

어느 날 한 박물관에 도둑이 들어 가장 비싼 물건을 훔쳐 갔습니다. 사건 단서 ①, ②, ③에 적혀 있는 식의 계산 결과에 해당하는 글자를 사건 단서 해독표 에서 찾아 차례로 쓰면 도둑의 이름을 알 수 있습니다. 주어진 사건 단서를 가지고 도둑의 이름을 알아보세요.

사건 단서 해독표

은	31	박	11	김	22
황	24	송	42	주	32
미	44	정	21	유	13
솔	12	새	36	신	26

도둑의 이름은 [①] [②] [③] 입니다.

오늘 나의 실력을 평가해 봐!    부모님 응원 한마디

③ 내림이 없고 나머지가 없는 (몇십몇)÷(몇) (2)

● $68 \div 2$ 를 계산해 볼까요?

$$
\begin{array}{r}
3 \\
2{\overline{)}\,68} \\
6\ 0 \\
\hline
8
\end{array}
$$
←$2 \times 30 = 60$

➡

$$
\begin{array}{r}
3\ 4 \\
2{\overline{)}\,6\ 8} \\
6 \\
\hline
8 \\
8 \\
\hline
0
\end{array}
$$
←$2 \times 4 = 8$

1~6 나눗셈을 하세요.

1

$$3{\overline{)}\,6\ 9}$$

3

$$2{\overline{)}\,2\ 8}$$

5

$$3{\overline{)}\,9\ 6}$$

2

$$8{\overline{)}\,8\ 8}$$

4

$$4{\overline{)}\,8\ 4}$$

6

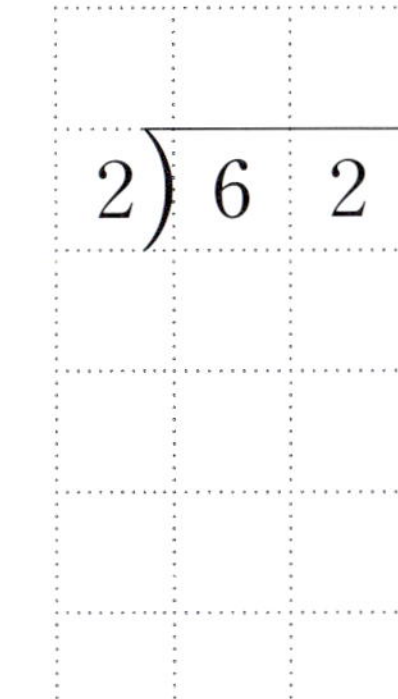
$$2{\overline{)}\,6\ 2}$$

7
$3 \overline{)6\ 6}$

8
$2 \overline{)4\ 8}$

9
$4 \overline{)8\ 8}$

10
$3 \overline{)6\ 3}$

11
$2 \overline{)4\ 4}$

12
$2 \overline{)8\ 4}$

13
$2 \overline{)2\ 6}$

14
$2 \overline{)6\ 4}$

15
$3 \overline{)3\ 9}$

16
$5 \overline{)5\ 5}$

17
$2 \overline{)8\ 8}$

18
$2 \overline{)4\ 2}$

19 $24 \div 2$

20 $66 \div 6$

21 $48 \div 4$

22 $68 \div 2$

23 $46 \div 2$

24 $66 \div 2$

25 $84 \div 4$

 큰 수를 작은 수로 나눈 몫을 구하여 □ 안에 써넣으세요.

 빈칸에 큰 수를 작은 수로 나눈 몫을 써넣으세요.

26 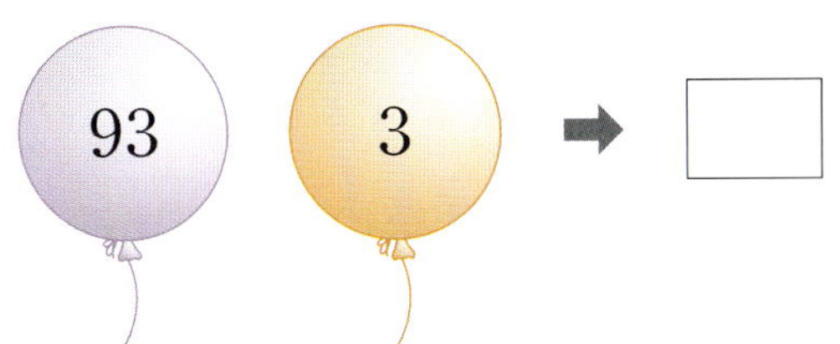 93 3 ➡ □

30

7	77

27  4 48 ➡ □

31

64	2

28  42 2 ➡ □

32

3	99

29  3 69 ➡ □

33

86	2

학생 63명이 체험 학습을 가려고 합니다. 3모둠으로 똑같이 나누어 간다면 한 모둠의 학생은 몇 명씩인가요?

전체 학생 수: □명, 모둠 수: □모둠

(한 모둠의 학생 수)＝(전체 학생 수)÷(모둠 수)

＝□÷□＝□(명)   답 □명

가방 찾기

여행을 온 새연이와 친구들은 가방에 번호표를 붙여 보관함 에 넣었습니다. 가방에 붙여 놓은 번호표의 수는 각자 말하는 식의 계산 결과입니다. 보관함 에서 각자의 가방을 찾아 □ 안에 알맞은 기호를 써넣으세요.

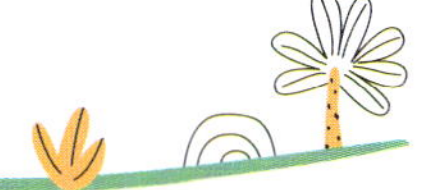
교과서 나눗셈

④ 내림이 있고 나머지가 없는 (몇십몇)÷(몇)(1)

● 64÷4를 계산해 볼까요?

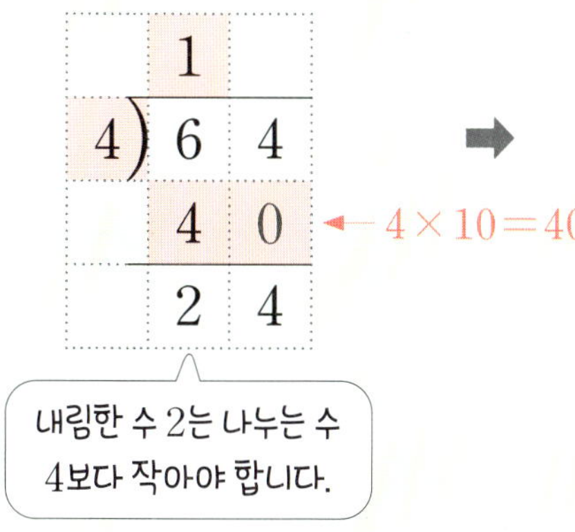

① 십의 자리 수 6에는 4가 1번 들어가므로 몫의 십의 자리에 1을 씁니다.
② 24에는 4가 6번 들어가므로 몫의 일의 자리에 6을 씁니다.

1~6 나눗셈을 하세요.

1

3) 7 2

3

8) 9 6

5

5) 7 5

2

4) 5 2

4

6) 7 8

6

2) 5 8

7~31 나눗셈을 하세요.

7

$5 \overline{)6\ 5}$

8

$4 \overline{)9\ 6}$

9

$3 \overline{)8\ 4}$

10

$2 \overline{)3\ 2}$

11

$6 \overline{)9\ 6}$

12

$3 \overline{)7\ 5}$

13

$2 \overline{)9\ 2}$

14

$3 \overline{)5\ 1}$

15

$2 \overline{)7\ 6}$

16

$7 \overline{)9\ 1}$

17

$3 \overline{)4\ 8}$

18

$4 \overline{)9\ 2}$

19

$3 \overline{)5\ 4}$

20

$2 \overline{)3\ 6}$

21

$5 \overline{)8\ 5}$

22

$3 \overline{)4\ 5}$

23

$5 \overline{)9\ 5}$

24

$2 \overline{)3\ 4}$

25 $78 \div 3$

26 $56 \div 4$

27 $57 \div 3$

28 $84 \div 7$

29 $54 \div 2$

30 $92 \div 2$

31 $68 \div 4$

32

92	4	

33

84	6	

34

74	2	

35

81	3	

36

65	5	

37

98	7	

길 찾기

야구 선수가 야구공과 야구 방망이를 찾으러 가려고 합니다. 길에 적힌 계산식이 맞는 것을 따라가면 야구공과 야구 방망이를 찾을 수 있습니다. 알맞은 길을 찾아 선으로 이으세요.

출발	$94 \div 2 = 47$	$75 \div 5 = 25$
$68 \div 4 = 16$	$56 \div 4 = 14$	$91 \div 7 = 12$
$42 \div 3 = 12$	$98 \div 7 = 14$	$72 \div 2 = 35$
$38 \div 2 = 29$	$84 \div 6 = 14$	도착  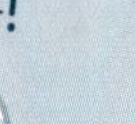

 교과서 나눗셈

5 내림이 있고 나머지가 없는 (몇십몇)÷(몇)(2)

● 76÷4를 계산해 볼까요?

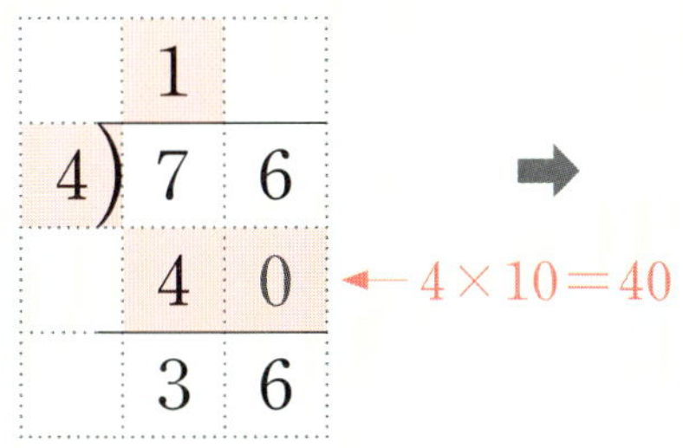

$$4 \times 10 = 40$$

$$4 \times 9 = 36$$

1~6 나눗셈을 하세요.

1

$3 \overline{)\ 4\ \ 8}$

3

$2 \overline{)\ 9\ \ 8}$

5

$4 \overline{)\ 6\ \ 8}$

2

$7 \overline{)\ 8\ \ 4}$

4

$3 \overline{)\ 7\ \ 2}$

6

$2 \overline{)\ 5\ \ 6}$

7
$$2\overline{)3\ 8}$$

8
$$3\overline{)7\ 5}$$

9
$$4\overline{)9\ 2}$$

10
$$3\overline{)5\ 4}$$

11
$$5\overline{)9\ 5}$$

12
$$4\overline{)7\ 2}$$

13
$$3\overline{)5\ 7}$$

14
$$8\overline{)9\ 6}$$

15
$$2\overline{)9\ 4}$$

16
$$4\overline{)6\ 4}$$

17
$$2\overline{)3\ 6}$$

18
$$7\overline{)8\ 4}$$

19 $52 \div 4$

20 $78 \div 6$

21 $76 \div 4$

22 $54 \div 2$

23 $96 \div 4$

24 $81 \div 3$

25 $98 \div 7$

 빈칸에 큰 수를 작은 수로 나눈 몫을 써넣으세요.

26

30
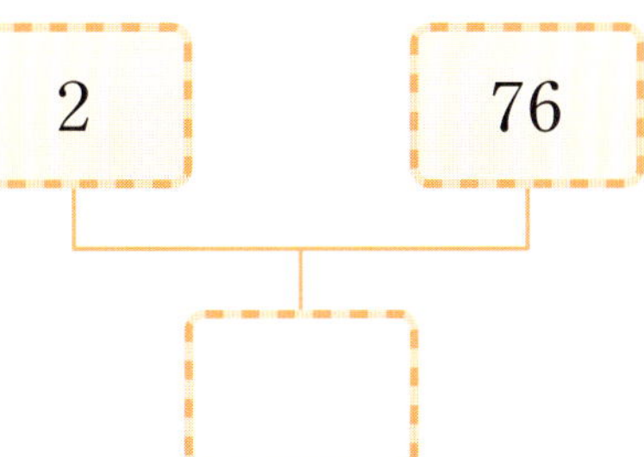

27

31
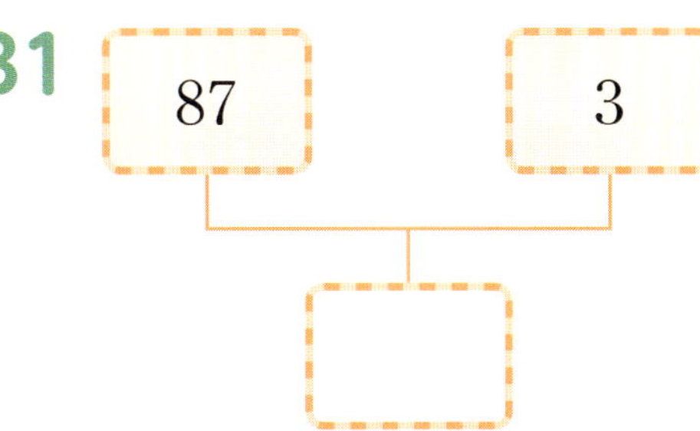

28

32
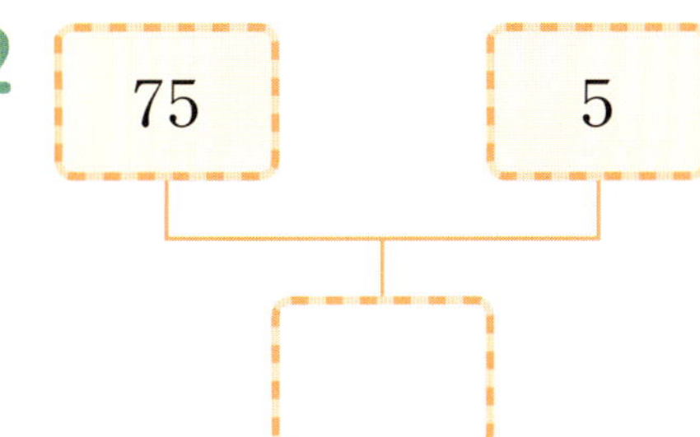

29

33
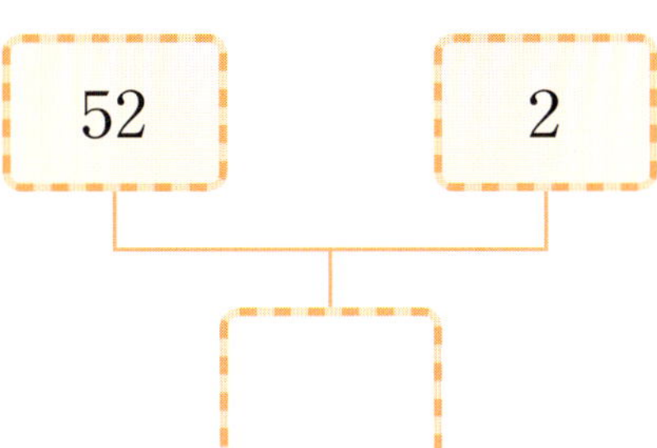

딸기 85개를 한 접시에 5개씩 담으려고 합니다. 필요한 접시는 몇 개
인가요?

전체 딸기 수: ☐ 개, 한 접시에 담는 딸기 수: ☐ 개

(필요한 접시 수)＝(전체 딸기 수)÷(한 접시에 담는 딸기 수)

＝ ☐ ÷ ☐ ＝ ☐ (개)   답 ☐ 개

색칠하기

나무에 달린 열매를 색칠하려고 합니다. 나눗셈의 몫을 색칠 열쇠 에서 찾아 같은 색으로 색칠하세요.

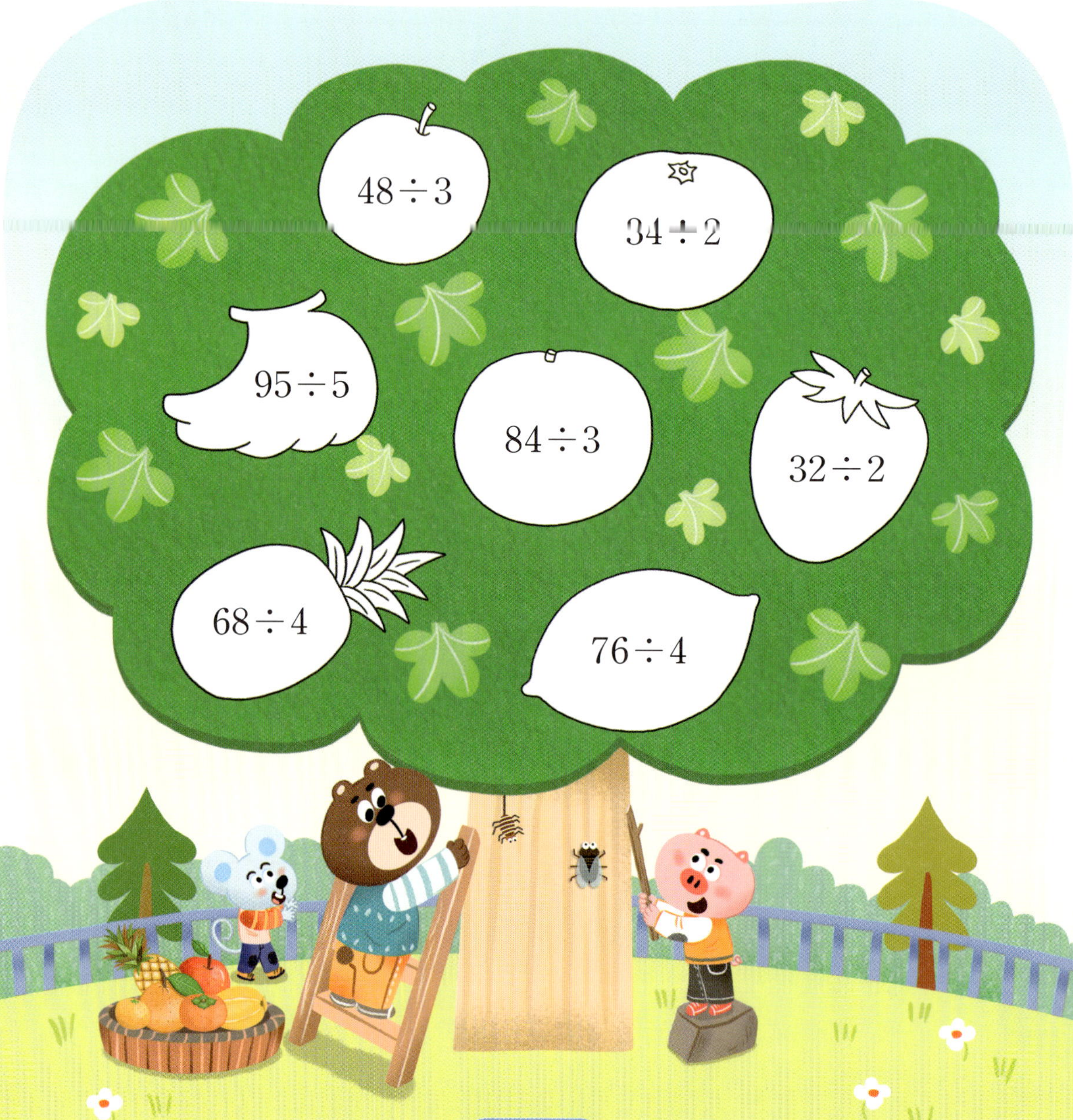

색칠 열쇠

16 ➡ 빨간색	28 ➡ 파란색	17 ➡ 주황색	19 ➡ 노란색

4주 5일
정답 확인

오늘 나의 실력을 평가해 봐!　　🔥 부모님 응원 한마디

📖 교과서 **나눗셈**

5주 1일

❻ 내림이 없고 나머지가 있는 (몇십몇)÷(몇)(1)

● 38÷3을 계산해 볼까요?

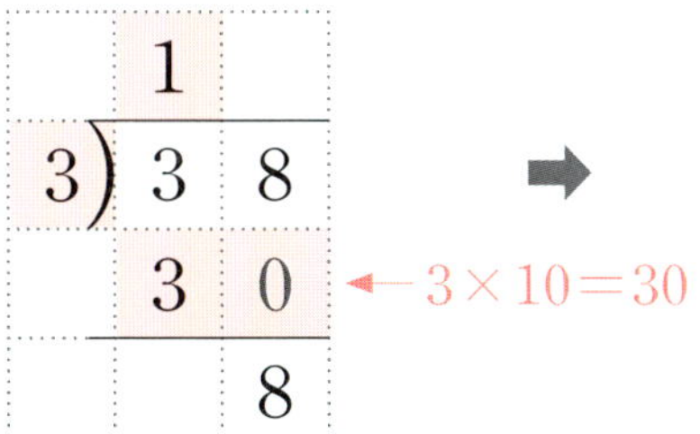

$$3 \times 10 = 30$$

←몫
$$3 \times 2 = 6$$
←나머지

나머지가 있는
나눗셈식은
$$38 \div 3 = 12 \cdots 2$$
로 나타낼 수 있어.

---

① 십의 자리 수 3에는 3이 1번 들어가므로 몫의 십의 자리에 1을 씁니다.

② 8에는 3이 2번 들어가므로 몫의 일의 자리에 2를 씁니다.

➡ 38을 3으로 나누면 몫은 12이고 2가 남습니다.

1~6 나눗셈을 하세요.

1
$$4)\overline{15}$$

3
$$8)\overline{54}$$

5
$$3)\overline{23}$$

2
$$2)\overline{29}$$

4
$$3)\overline{68}$$

6
$$5)\overline{59}$$

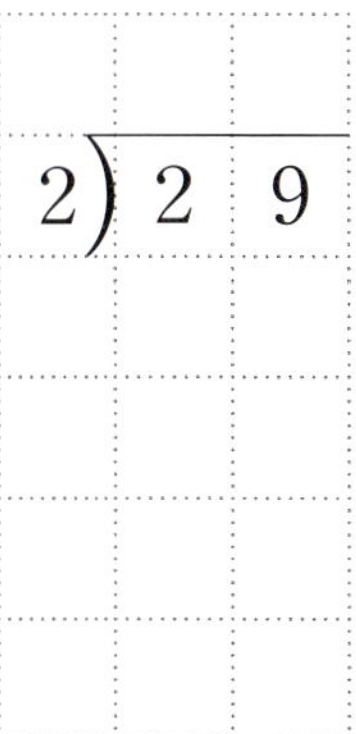

 나눗셈을 하세요.

7
$$2 \overline{)1\,5}$$

8
$$3 \overline{)2\,9}$$

9
$$5 \overline{)5\,9}$$

10
$$2 \overline{)4\,1}$$

11
$$8 \overline{)6\,3}$$

12
$$7 \overline{)7\,9}$$

13
$$4 \overline{)2\,6}$$

14
$$2 \overline{)6\,3}$$

15
$$8 \overline{)3\,0}$$

16
$$3 \overline{)9\,8}$$

17
$$4 \overline{)4\,3}$$

18
$$2 \overline{)8\,9}$$

19
$$6 \overline{)5\,2}$$

20
$$5 \overline{)3\,8}$$

21
$$3 \overline{)6\,8}$$

22
$$6 \overline{)6\,7}$$

23
$$7 \overline{)2\,5}$$

24
$$9 \overline{)9\,8}$$

25 $11 \div 3$

26 $39 \div 7$

27 $56 \div 5$

28 $20 \div 3$

29 $75 \div 8$

30 $46 \div 4$

31 $78 \div 9$

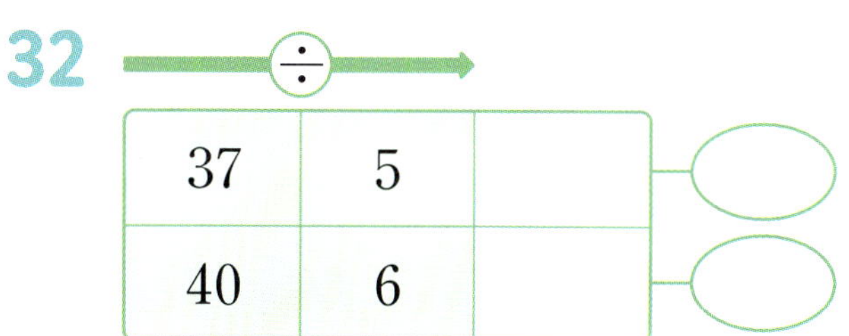

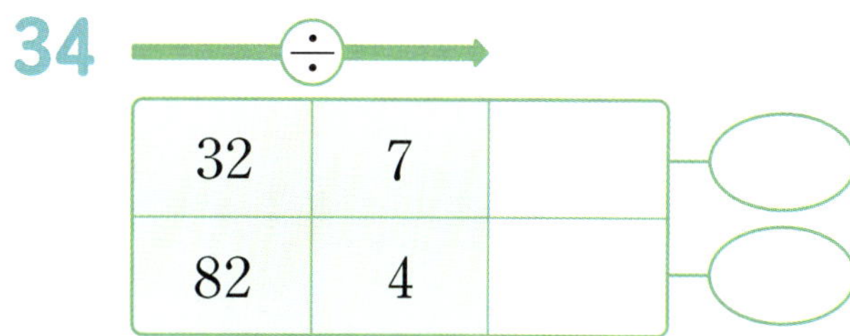

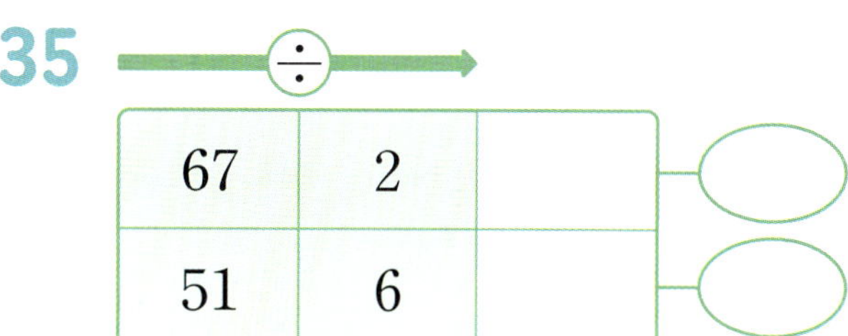

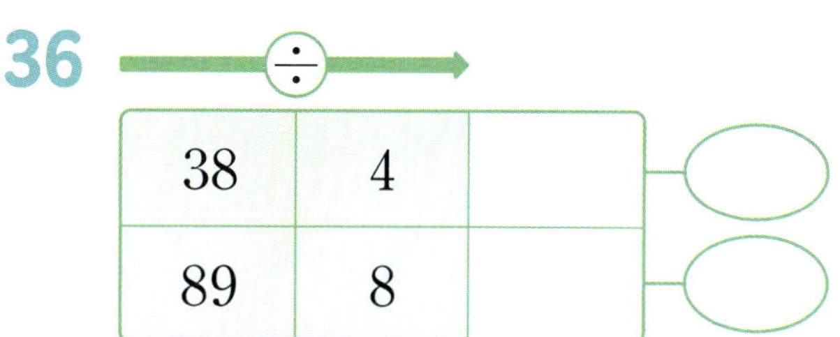

비밀번호 찾기

경민이와 현준이는 카페의 와이파이 비밀번호를 찾으려고 합니다. 비밀번호는 보기 에 있는 번호에 알맞은 숫자를 차례로 이어 붙여 쓴 것입니다. 비밀번호를 찾아보세요.

보기

- $55 \div 6 = \boxed{①} \cdots \boxed{②}$
- $35 \div 4 = \boxed{③} \cdots \boxed{④}$
- $69 \div 9 = \boxed{⑤} \cdots \boxed{⑥}$
- $40 \div 7 = \boxed{⑦} \cdots \boxed{⑧}$

① ② ③ ④ ⑤ ⑥ ⑦ ⑧

비밀번호는 [　][　][　][　][　][　][　][　] 입니다.

오늘 나의 실력을 평가해 봐!

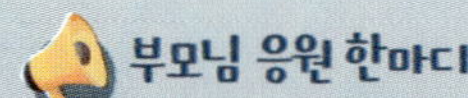

부모님 응원 한마디

 교과서 **나눗셈**

7 내림이 없고 나머지가 있는 (몇십몇)÷(몇)⑵

● $87 \div 4$를 계산해 볼까요?

$$4 \overline{) \begin{array}{c} 2 \\ 8 \ 7 \\ 8 \ 0 \\ 7 \end{array}}$$

← $4 \times 20 = 80$

➡

$$4 \overline{) \begin{array}{c} 2 \ 1 \\ 8 \ 7 \\ 8 \\ 7 \\ 4 \\ 3 \end{array}}$$

← $4 \times 1 = 4$

1~9 나눗셈을 하세요.

1
$$5 \overline{)\, 1 \ 2}$$

2
$$6 \overline{)\, 2 \ 8}$$

3
$$3 \overline{)\, 2 \ 5}$$

4
$$8 \overline{)\, 4 \ 6}$$

5
$$6 \overline{)\, 3 \ 9}$$

6
$$7 \overline{)\, 6 \ 8}$$

7
$$3 \overline{)\, 2 \ 3}$$

8
$$9 \overline{)\, 7 \ 6}$$

9
$$5 \overline{)\, 4 \ 8}$$

10
$$7\overline{)2\ 5}$$

11
$$4\overline{)3\ 0}$$

12
$$6\overline{)5\ 3}$$

13
$$2\overline{)2\ 9}$$

14
$$5\overline{)5\ 6}$$

15
$$8\overline{)4\ 6}$$

16
$$3\overline{)3\ 2}$$

17
$$4\overline{)1\ 7}$$

18
$$9\overline{)8\ 2}$$

19
$$3\overline{)3\ 5}$$

20
$$6\overline{)4\ 1}$$

21
$$4\overline{)8\ 7}$$

22 $15 \div 4$

23 $35 \div 3$

24 $44 \div 5$

25 $59 \div 6$

26 $61 \div 2$

27 $59 \div 7$

28 $85 \div 4$

29 27 · 2
➡ 몫: ☐ , 나머지: ☐

30 3 · 38
➡ 몫: ☐ , 나머지: ☐

31 47 · 4
➡ 몫: ☐ , 나머지: ☐

32 6 · 65
➡ 몫: ☐ , 나머지: ☐

33 61 $\div 8$ ☐ … ◯

34 59 $\div 5$ ☐ … ◯

35 88 $\div 9$ ☐ … ◯

36 87 $\div 2$ ☐ … ◯

연주는 구슬 39개를 한 명에게 4개씩 나누어 주려고 합니다. 구슬을 몇 명에게 나누어 줄 수 있고, 남는 구슬은 몇 개인가요?

전체 구슬 수: ☐ 개, 한 명에게 주는 구슬 수: ☐ 개

(전체 구슬 수)÷(한 명에게 주는 구슬 수)= ☐ ÷ ☐ = ☐ … ☐

구슬을 ☐ 명에게 나누어 줄 수 있고, 남는 구슬은 ☐ 개입니다. 답 ☐ 명, ☐ 개

학원 찾기

민경이는 학원에 가려고 합니다. 갈림길 문제의 계산 결과를 따라가면 학원에 도착할 수 있습니다. 길을 올바르게 따라가 가려고 하는 학원을 찾아 번호를 쓰세요.

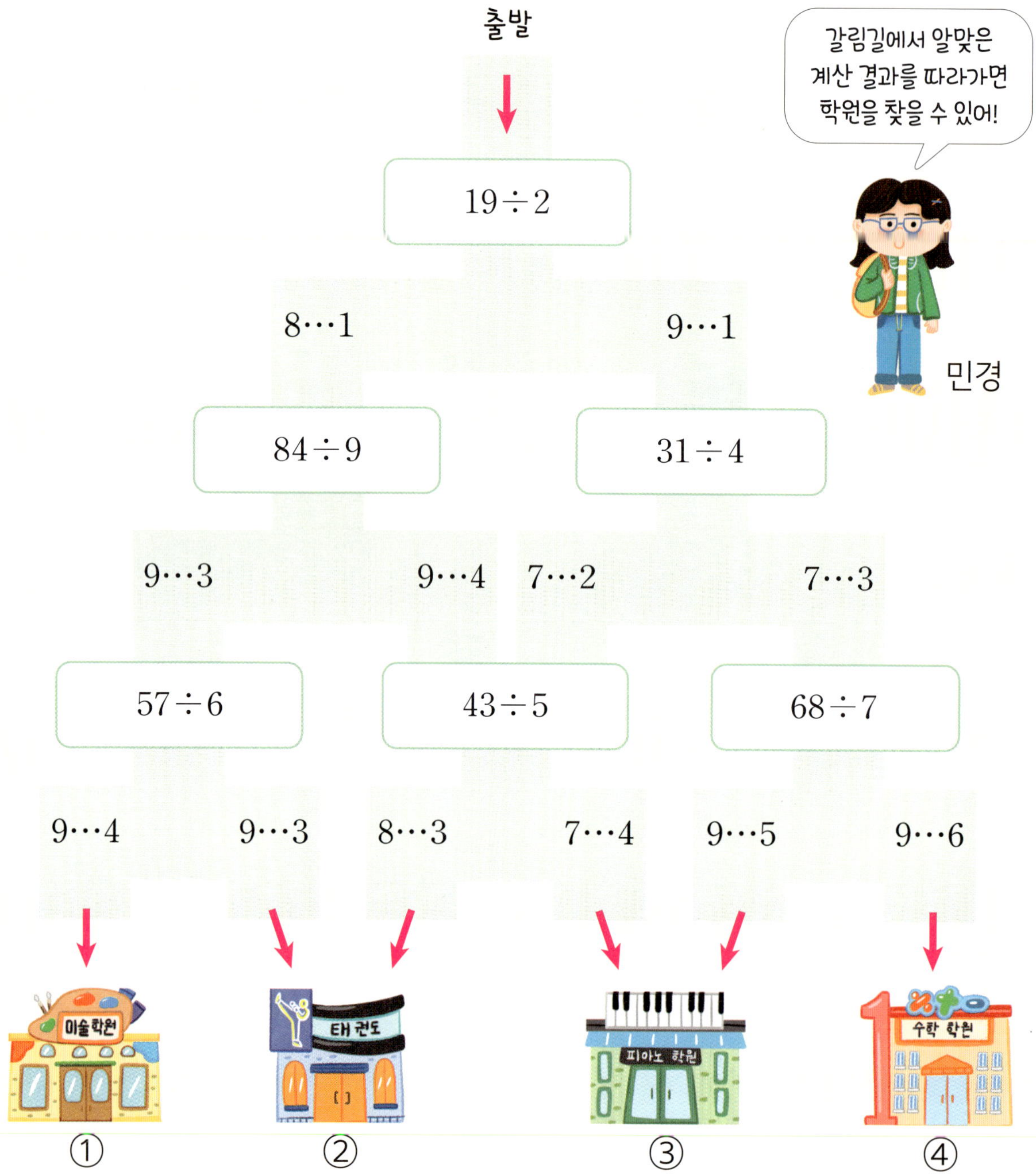

출발

$$19 \div 2$$

$8 \cdots 1$　　　　$9 \cdots 1$

$$84 \div 9$$　　　　$$31 \div 4$$

$9 \cdots 3$　　$9 \cdots 4$　$7 \cdots 2$　　$7 \cdots 3$

$$57 \div 6$$　　　$$43 \div 5$$　　　$$68 \div 7$$

$9 \cdots 4$　$9 \cdots 3$　$8 \cdots 3$　$7 \cdots 4$　$9 \cdots 5$　$9 \cdots 6$

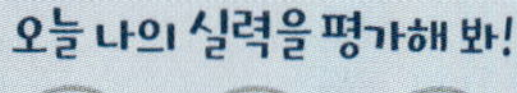
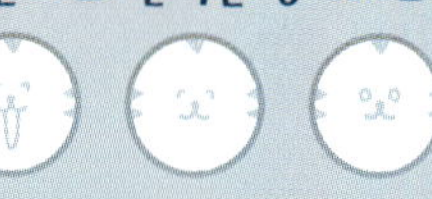

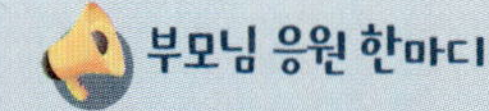

①　　　　②　　　　③　　　　④

 교과서 **나눗셈**

❽ 내림이 있고 나머지가 있는 (몇십몇)÷(몇)⑴

● 55÷4를 계산해 볼까요?

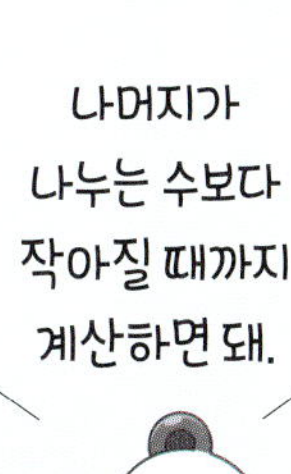

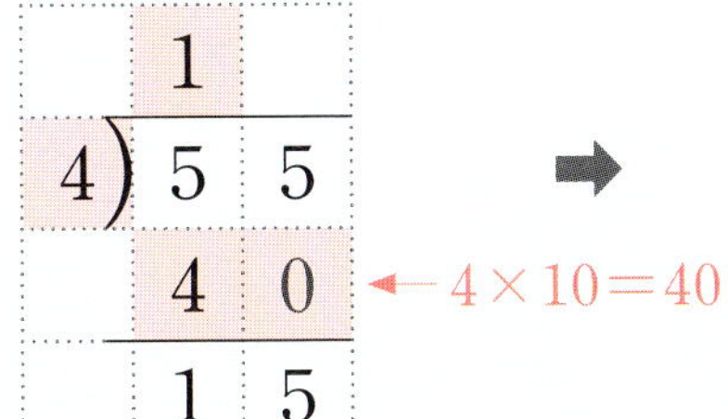

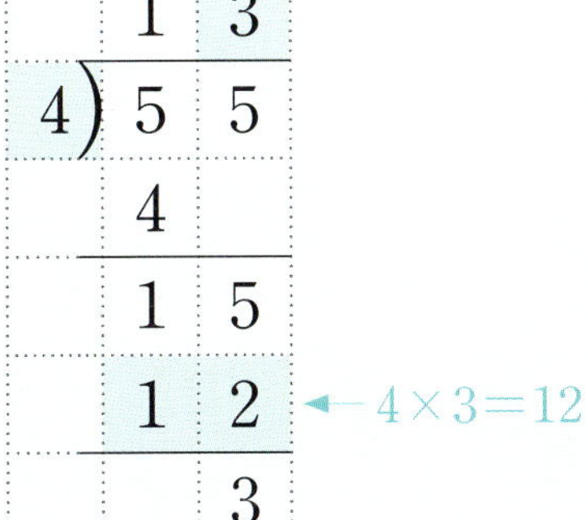

① 십의 자리 수 5에는 4가 **1**번 들어가므로 몫의 십의 자리에 **1**을 씁니다.
② 15에는 4가 **3**번 들어가므로 몫의 일의 자리에 **3**을 씁니다.

1~6 나눗셈을 하세요.

1

$4 \overline{)7\ 4}$

3

$3 \overline{)5\ 6}$

5

$6 \overline{)7\ 5}$

2

$2 \overline{)3\ 3}$

4

$4 \overline{)6\ 6}$

6

$8 \overline{)9\ 4}$

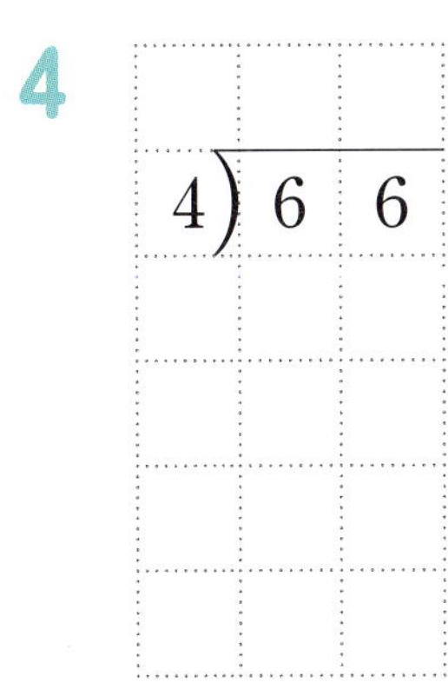

 나눗셈을 하세요.

7 $2 \overline{)\ 3\ 5}$

8 $5 \overline{)\ 8\ 4}$

9 $3 \overline{)\ 7\ 9}$

10 $6 \overline{)\ 7\ 6}$

11 $4 \overline{)\ 7\ 1}$

12 $8 \overline{)\ 9\ 9}$

13 $3 \overline{)\ 4\ 9}$

14 $7 \overline{)\ 9\ 7}$

15 $2 \overline{)\ 5\ 1}$

16 $4 \overline{)\ 9\ 4}$

17 $5 \overline{)\ 6\ 3}$

18 $3 \overline{)\ 8\ 0}$

19 $5 \overline{)\ 6\ 8}$

20 $3 \overline{)\ 8\ 3}$

21 $6 \overline{)\ 8\ 8}$

22 $2 \overline{)\ 7\ 5}$

23 $3 \overline{)\ 5\ 3}$

24 $8 \overline{)\ 9\ 2}$

25 $93 \div 6$

26 $53 \div 4$

27 $72 \div 5$

28 $31 \div 2$

29 $82 \div 7$

30 $55 \div 3$

31 $95 \div 8$

32 77

$\div 6 = ▢ \cdots ◯$

$\div 2 = ▢ \cdots ◯$

33 69

$\div 4 = ▢ \cdots ◯$

$\div 5 = ▢ \cdots ◯$

34 83

$\div 7 = ▢ \cdots ◯$

$\div 3 = ▢ \cdots ◯$

35 58

$\div 4 = ▢ \cdots ◯$

$\div 3 = ▢ \cdots ◯$

36 89

$\div 5 = ▢ \cdots ◯$

$\div 6 = ▢ \cdots ◯$

선 잇기

나눗셈을 계산하여 몫과 나머지를 찾아 선으로 이으세요.

몫	나머지

$79 \div 3$ • 　•　 13 　• 　•　 5

$67 \div 4$ • 　•　 26 　• 　•　 3

$83 \div 6$ • 　•　 16 　• 　•　 1

$98 \div 8$ • 　•　 12 　• 　•　 2

❾ 내림이 있고 나머지가 있는 (몇십몇)÷(몇)(2)

● 74÷3을 계산해 볼까요?

2 (몫 십의 자리)
$3\overline{)74}$
$60 \leftarrow 3 \times 20 = 60$
14

➡

24
$3\overline{)74}$
6
14
$12 \leftarrow 3 \times 4 = 12$
2

1~6 나눗셈을 하세요.

1

$$6 \overline{)97}$$

3

$$5 \overline{)82}$$

5

$$3 \overline{)70}$$

2

$$3 \overline{)44}$$

4

$$4 \overline{)67}$$

6

$$7 \overline{)93}$$

7
$6\overline{)9\ 4}$

8
$7\overline{)8\ 0}$

9
$3\overline{)7\ 9}$

10
$4\overline{)6\ 6}$

11
$5\overline{)9\ 8}$

12
$2\overline{)9\ 1}$

13
$2\overline{)5\ 7}$

14
$4\overline{)6\ 3}$

15
$3\overline{)8\ 3}$

16
$6\overline{)9\ 2}$

17
$2\overline{)7\ 5}$

18
$8\overline{)9\ 4}$

19 $89 \div 6$

20 $74 \div 5$

21 $95 \div 4$

22 $99 \div 7$

23 $86 \div 3$

24 $97 \div 2$

25 $81 \div 6$

 큰 수를 작은 수로 나눈 몫과 나머지를 구하여 □ 안에 써넣으세요.

 나눗셈을 하여 몫은 □ 안에, 나머지는 ◯ 안에 써넣으세요.

26

77　3

➡ 몫: □ , 나머지: □

29

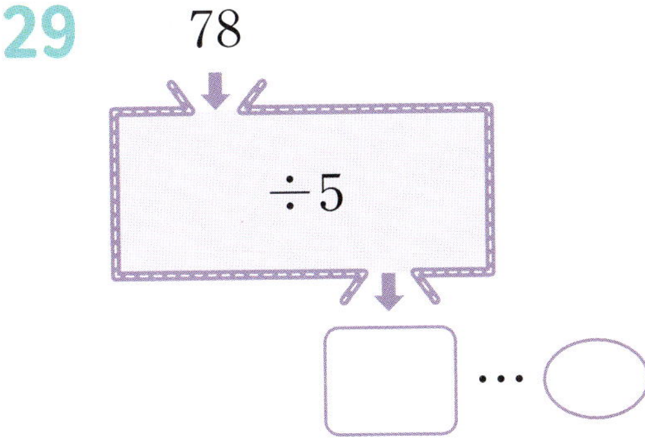

27

2　37

➡ 몫: □ , 나머지: □

30

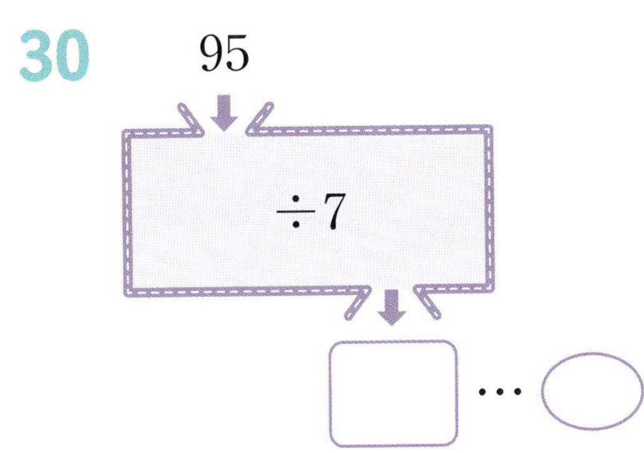

28

95　6

➡ 몫: □ , 나머지: □

31

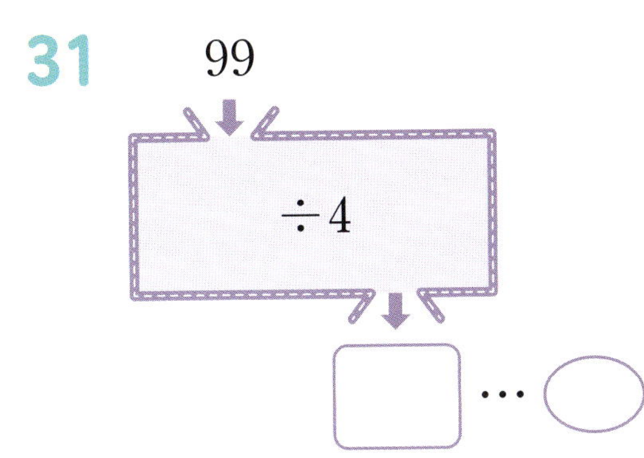

송편 67개를 5상자에 똑같이 나누어 담으려고 합니다. 송편을 한 상자에 몇 개씩 담을 수 있고, 남는 송편은 몇 개인가요?

전체 송편 수: □ 개, 상자 수: □ 상자

(전체 송편 수)÷(상자 수)= □ ÷ □ = □ … □

송편을 한 상자에 □ 개씩 담을 수 있고, 남는 송편은 □ 개입니다.

답 □ 개, □ 개

생일 선물 찾기

희재는 예은이의 생일 선물을 준비했습니다. 계산식이 맞으면 ➡의 방향으로, 틀리면 ⬇의 방향으로 화살표를 따라가면 희재가 예은이에게 주려는 생일 선물을 찾을 수 있습니다. 생일 선물을 찾아 쓰세요.

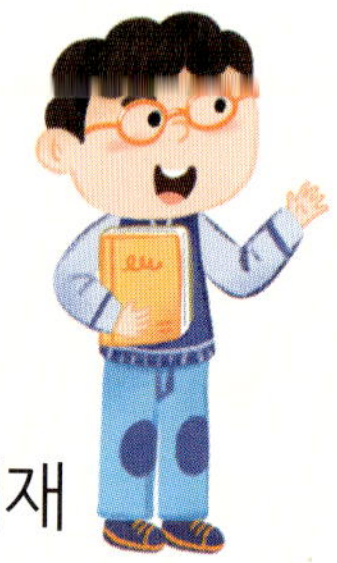

출발

$67 \div 4 = 16 \cdots 3$	➡	$86 \div 6 = 14 \cdots 2$	➡	$44 \div 3 = 15 \cdots 1$	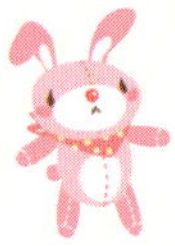 ➡ 인형

$79 \div 3 = 25 \cdots 1$ ➡ $53 \div 8 = 6 \cdots 5$ ➡ $49 \div 5 = 9 \cdots 3$ ➡ 가방

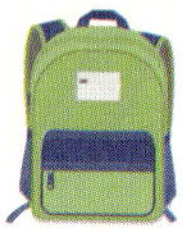

$98 \div 5 = 19 \cdots 3$ ➡ $62 \div 7 = 8 \cdots 5$ ➡ $73 \div 9 = 8 \cdots 1$ ➡ 축구공

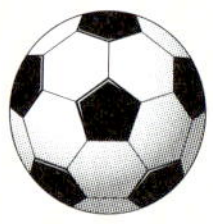

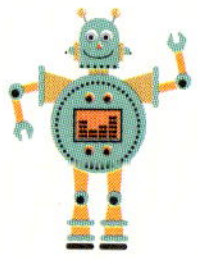

로봇　　　　모자　　　　필통

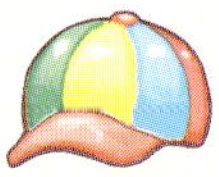

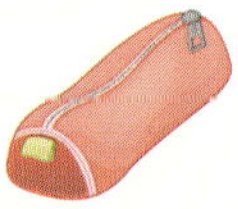

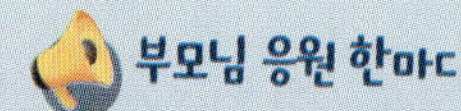

공부한 날 ___월 ___일

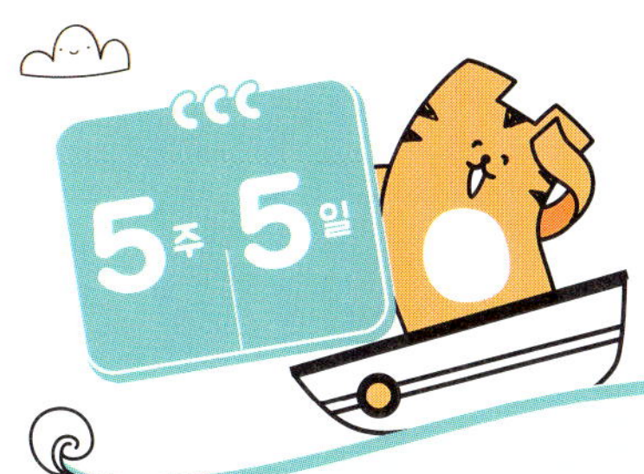

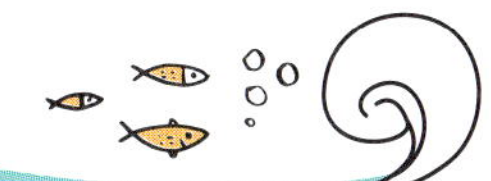

교과서 나눗셈

⑩ 나머지가 없는 (세 자리 수)÷(한 자리 수)(1)

● 480÷3을 계산해 볼까요?

	1		
3)	4	8	0
	3		
	1	8	

➡

	1	6	
3)	4	8	0
	3		
	1	8	
	1	8	
			0

➡

	1	6	0
3)	4	8	0
	3		
	1	8	
	1	8	
			0

각 자리의 계산에서 나눌 수 없을 때는 몫의 자리에 0을 씁니다.

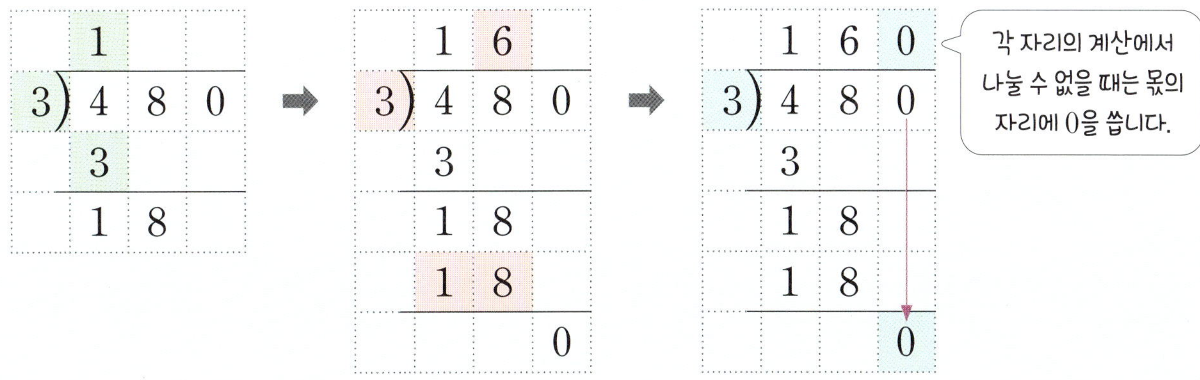

① 백의 자리 수 4에는 3이 1번 들어가므로 몫의 백의 자리에 1을 씁니다.
② 18에는 3이 6번 들어가므로 몫의 십의 자리에 6을 씁니다.
③ 0을 3으로 나눌 수 없으므로 몫의 일의 자리에 0을 씁니다.

1~6 나눗셈을 하세요.

1 5)5 0 0

3 3)9 0 0

5 4)8 0 0

2 4)6 8 0

4 2)8 6 0

6 3)5 1 0

7

$$4 \overline{)480}$$

8

$$5 \overline{)650}$$

9

$$3 \overline{)360}$$

10

$$2 \overline{)840}$$

11

$$8 \overline{)960}$$

12

$$3 \overline{)450}$$

13

$$6 \overline{)780}$$

14

$$2 \overline{)540}$$

15

$$9 \overline{)990}$$

16

$$5 \overline{)850}$$

17

$$6 \overline{)720}$$

18

$$2 \overline{)280}$$

19

$$5 \overline{)700}$$

20

$$4 \overline{)640}$$

21

$$2 \overline{)620}$$

22

$$3 \overline{)570}$$

23

$$5 \overline{)550}$$

24

$$4 \overline{)760}$$

25 $700 \div 7$

26 $320 \div 2$

27 $600 \div 5$

28 $390 \div 3$

29 $440 \div 4$

30 $750 \div 5$

31 $960 \div 6$

32~37 빈칸에 알맞은 수를 써넣으세요.

32

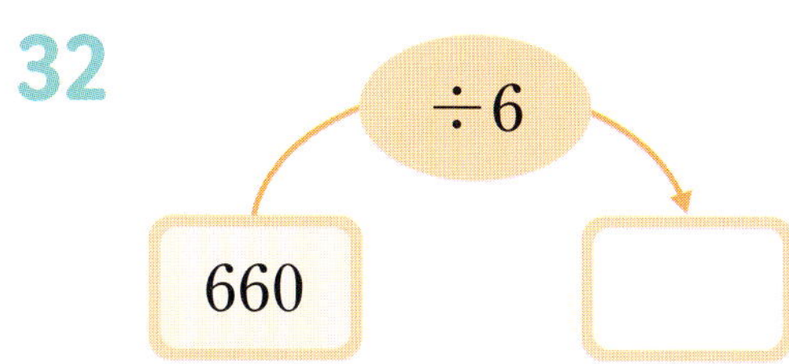

33

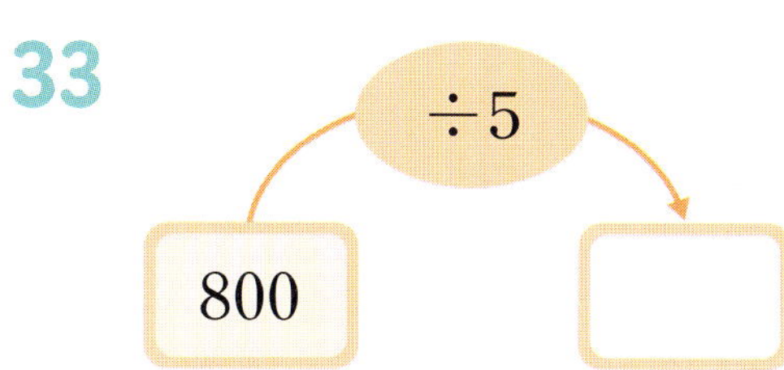

34

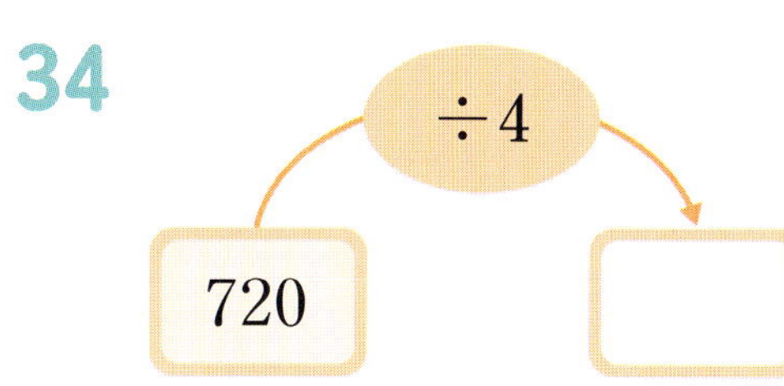

35

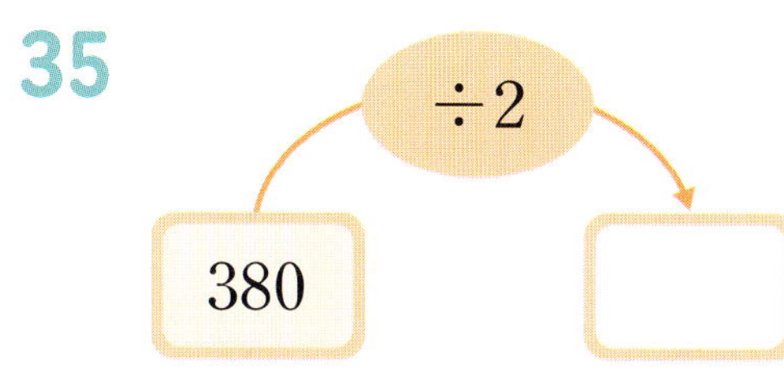

36

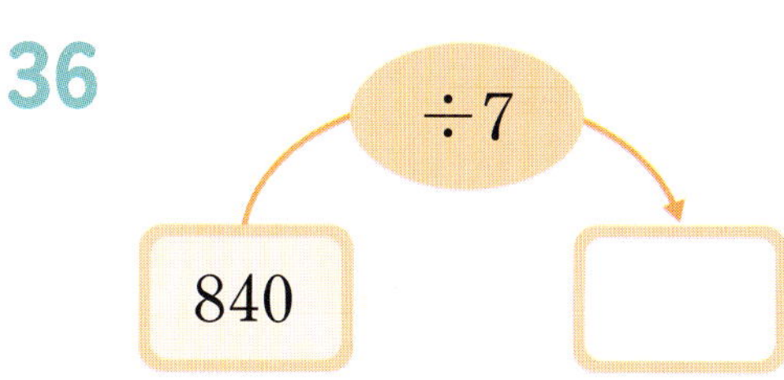

37

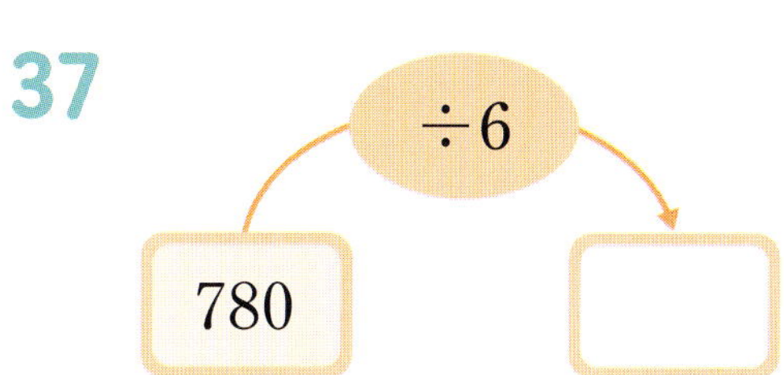

사자성어 쓰기

나눗셈의 몫에 해당하는 글자를 보기 에서 찾아 차례로 쓰면 사자성어가 완성됩니다. 완성된 사자성어를 쓰세요.

① $840 \div 4$

② $720 \div 6$

③ $580 \div 2$

④ $900 \div 5$

보기

300	120	280	160	290
박	전	작	연	팔
180	340	150	210	140
기	무	새	칠	인

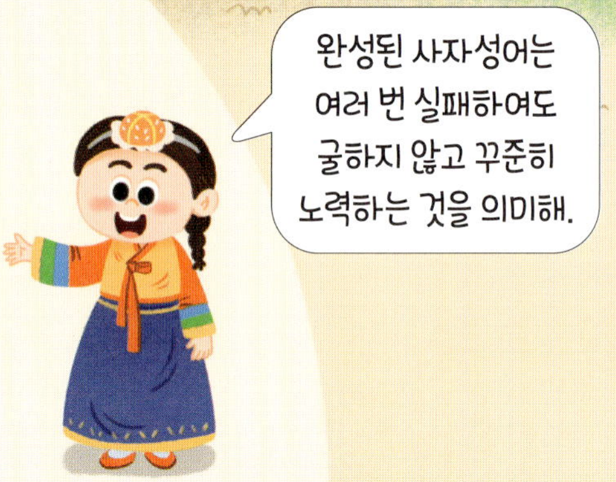

사자성어는 ① ② ③ ④ 입니다.

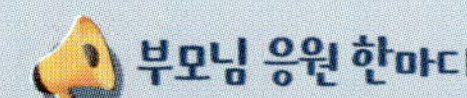

 교과서 나눗셈

⑪ 나머지가 없는 (세 자리 수)÷(한 자리 수)(2)

● 296÷4를 계산해 볼까요?

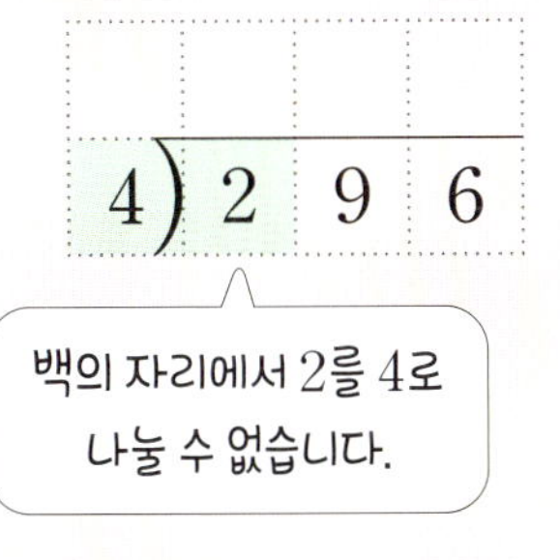

1~6 나눗셈을 하세요.

1
$5 \overline{)2\ 7\ 5}$

3
$3 \overline{)1\ 5\ 9}$

5
$7 \overline{)3\ 6\ 4}$

2
$8 \overline{)2\ 8\ 8}$

4
$4 \overline{)2\ 0\ 8}$

6
$6 \overline{)5\ 2\ 2}$

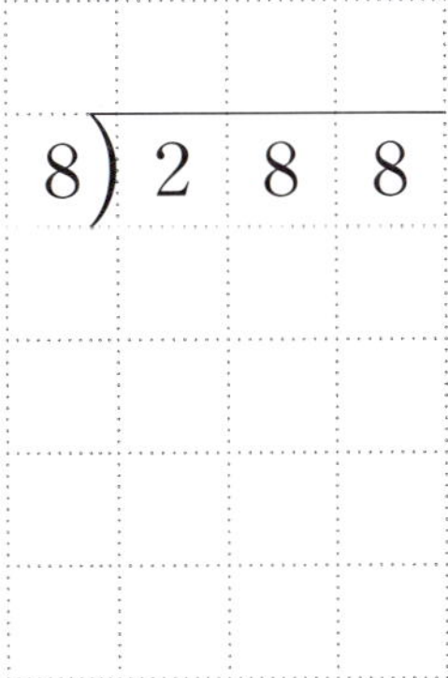

7
$$3 \overline{)1\ 2\ 3}$$

8
$$8 \overline{)3\ 5\ 2}$$

9
$$3 \overline{)2\ 7\ 9}$$

10
$$3 \overline{)3\ 6\ 9}$$

11
$$2 \overline{)1\ 6\ 6}$$

12
$$3 \overline{)7\ 1\ 4}$$

13
$$4 \overline{)5\ 2\ 8}$$

14
$$8 \overline{)8\ 9\ 6}$$

15
$$2 \overline{)1\ 6\ 6}$$

16
$$5 \overline{)8\ 2\ 5}$$

17
$$5 \overline{)4\ 8\ 5}$$

18
$$3 \overline{)8\ 4\ 6}$$

19 $216 \div 6$

20 $324 \div 4$

21 $425 \div 5$

22 $387 \div 3$

23 $762 \div 6$

24 $558 \div 9$

25 $678 \div 2$

26
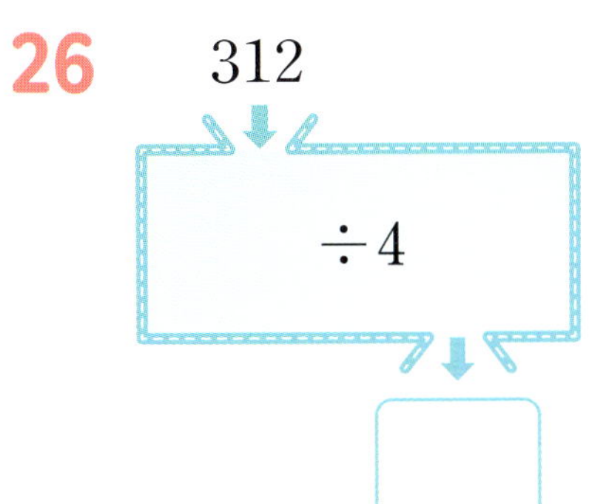

29
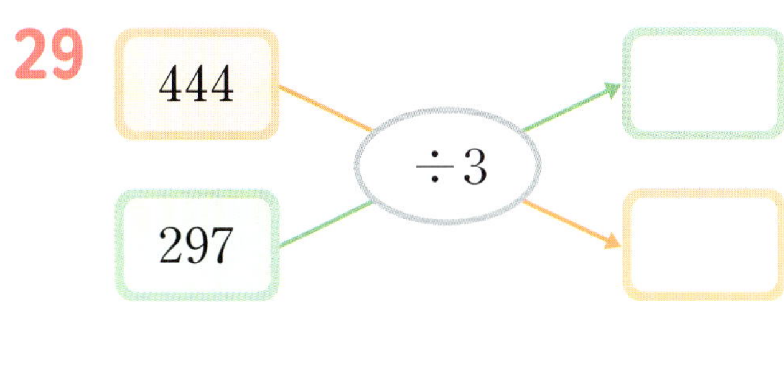

27
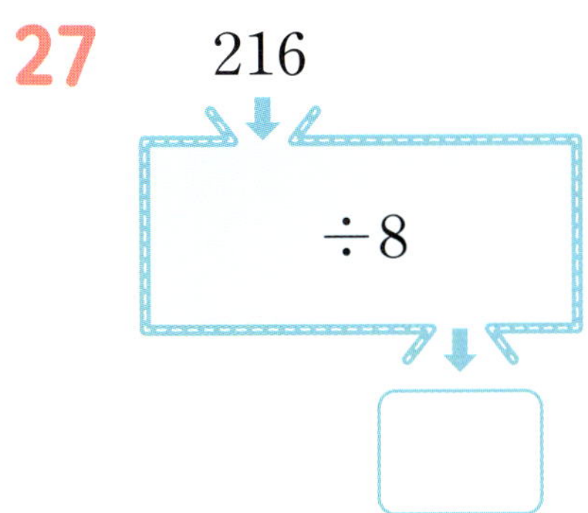

30
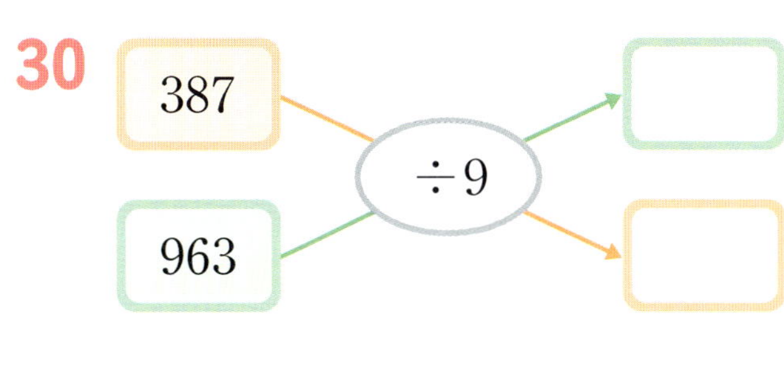

28
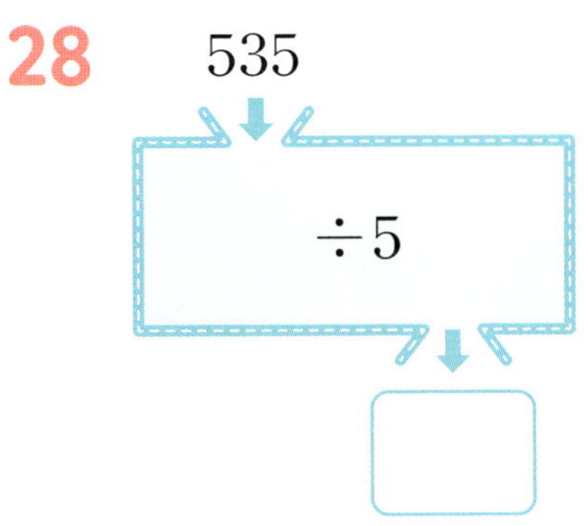

31
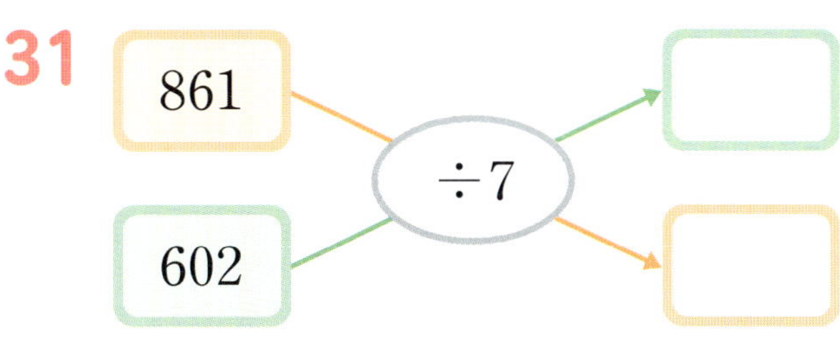

길이가 560 cm인 철사를 4도막으로 똑같이 나누려고 합니다. 자른 한 도막의 길이는 몇 cm인가요?

전체 철사 길이: ◻ cm, 도막 수: ◻ 도막

(자른 한 도막의 길이)＝(전체 철사 길이)÷(도막 수)

$$= \boxed{} \div \boxed{} = \boxed{} \text{(cm)}$$

답 ◻ cm

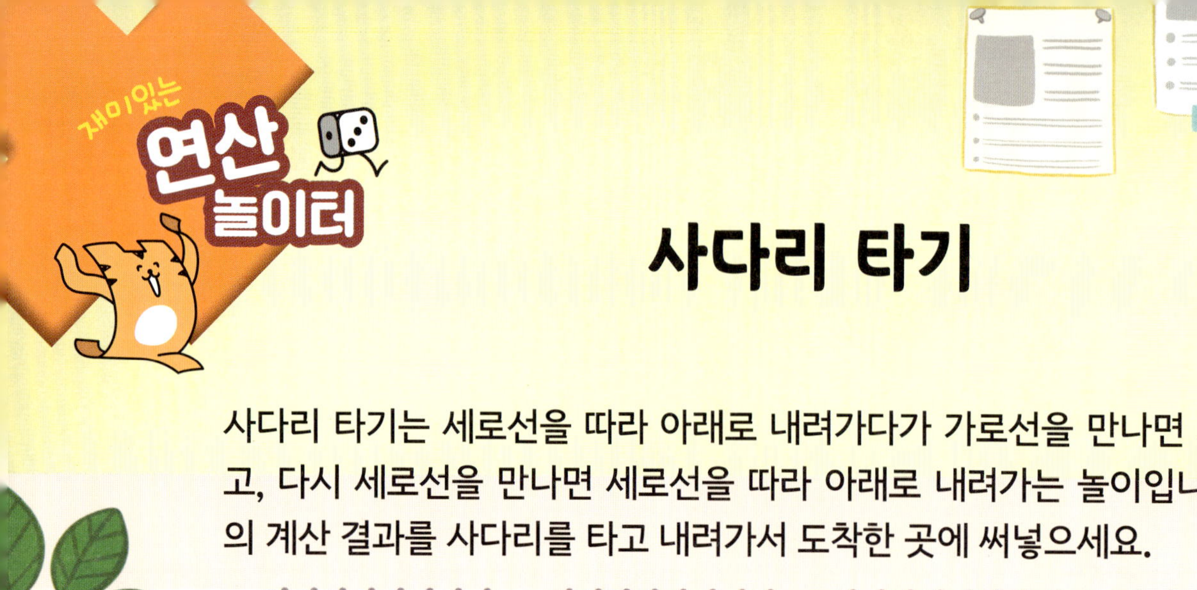

사다리 타기

사다리 타기는 세로선을 따라 아래로 내려가다가 가로선을 만나면 가로로 이동하고, 다시 세로선을 만나면 세로선을 따라 아래로 내려가는 놀이입니다. 주어진 식의 계산 결과를 사다리를 타고 내려가서 도착한 곳에 써넣으세요.

$538 \div 2$ $925 \div 5$ $774 \div 6$ $492 \div 4$

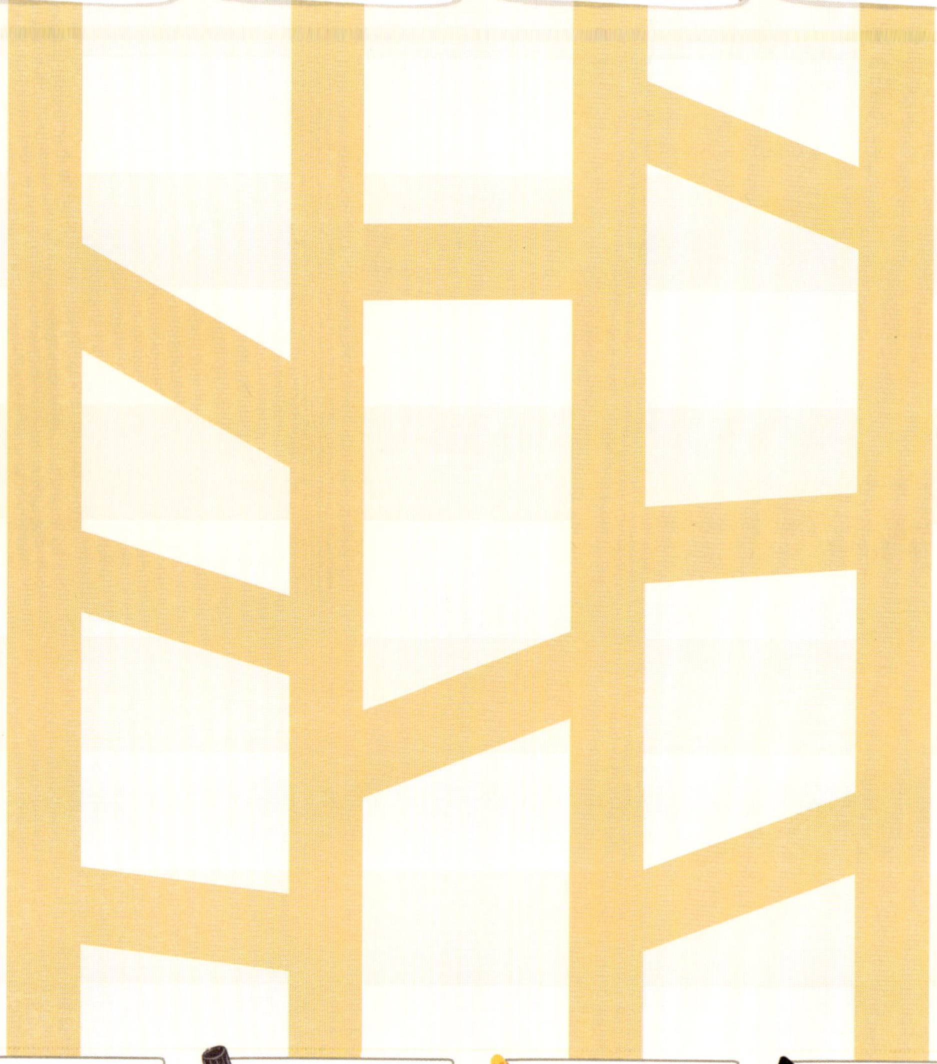

⑫ 나머지가 있는 (세 자리 수)÷(한 자리 수)

● 479÷5를 계산해 볼까요?

```
      9
  5)4 7 9
    4 5
      2 9
```

➡

```
      9 5
  5)4 7 9
    4 5
      2 9
      2 5
        4
```

> ① 47에는 5가 9번 들어가므로 몫의 십의 자리에 9를 씁니다.
> ② 29에는 5가 5번 들어가므로 몫의 일의 자리에 5를 씁니다.

1~6 나눗셈을 하세요.

1
```
  9)3 1 3
```

3
```
  4)2 3 8
```

5
```
  8)6 7 5
```

2
```
  7)5 2 4
```

4
```
  6)4 9 6
```

6
```
  9)7 4 3
```

7

$5\overline{)2\ 5\ 7}$

8

$2\overline{)1\ 9\ 9}$

9

$4\overline{)5\ 2\ 1}$

10

$6\overline{)7\ 2\ 9}$

11

$3\overline{)8\ 9\ 6}$

12

$7\overline{)6\ 0\ 8}$

13

$3\overline{)7\ 4\ 8}$

14

$4\overline{)3\ 1\ 4}$

15

$8\overline{)8\ 0\ 5}$

16

$5\overline{)6\ 2\ 9}$

17

$6\overline{)2\ 9\ 3}$

18

$2\overline{)4\ 2\ 7}$

19 $241 \div 6$

20 $140 \div 3$

21 $438 \div 8$

22 $914 \div 7$

23 $555 \div 4$

24 $373 \div 9$

25 $521 \div 5$

 큰 수를 작은 수로 나눈 몫과 나머지를 구하여 □ 안에 써넣으세요.

 나눗셈을 하여 몫은 □ 안에, 나머지는 ◯ 안에 써넣으세요.

26

287	6

➡ 몫: ☐ , 나머지: ☐

27

2	527

➡ 몫: ☐ , 나머지: ☐

28

270	7

➡ 몫: ☐ , 나머지: ☐

29

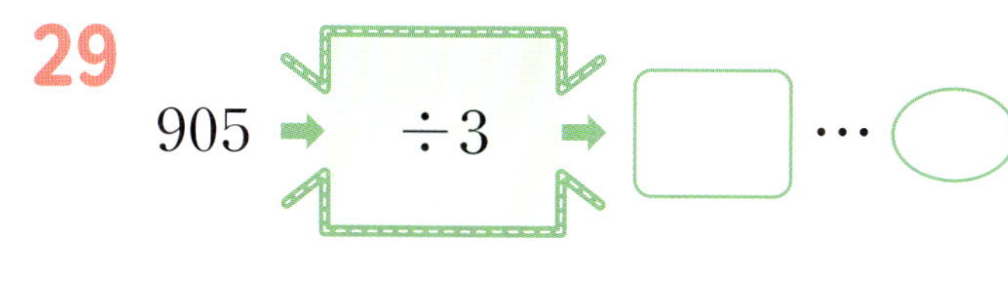

30

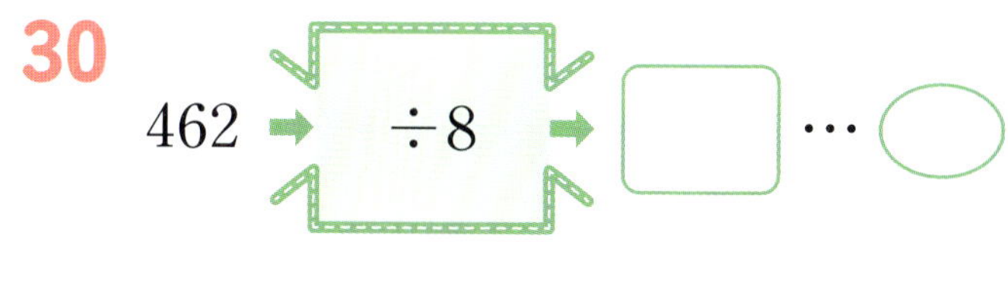

31

32

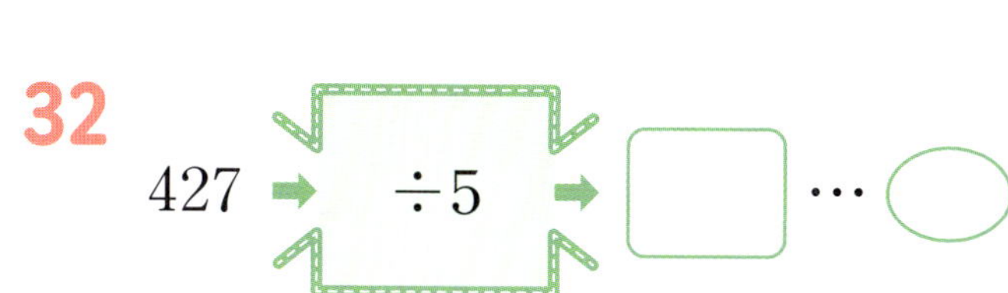

승아는 땅콩 495개를 4상자에 똑같이 나누어 담으려고 합니다. 땅콩을 한 상자에 몇 개씩 담을 수 있고, 남는 땅콩은 몇 개인가요?

전체 땅콩 수: ☐ 개, 상자 수: ☐ 상자

(전체 땅콩 수) ÷ (상자 수) = ☐ ÷ ☐ = ☐ … ☐

땅콩을 한 상자에 ☐ 개씩 담을 수 있고, 남는 땅콩은 ☐ 개입니다.

답 ☐ 개, ☐ 개

길 찾기

토끼가 산 정상에 가려고 합니다. 길에 적힌 계산식이 맞는 것을 따라가면 산 정상에 갈 수 있습니다. 알맞은 길을 찾아 선으로 이으세요.

출발	$290 \div 8 = 36 \cdots 2$	$307 \div 3 = 102 \cdots 2$
$197 \div 2 = 97 \cdots 1$	$619 \div 5 = 123 \cdots 4$	$199 \div 7 = 28 \cdots 3$
$942 \div 8 = 117 \cdots 5$	$398 \div 4 = 99 \cdots 1$	$944 \div 9 = 104 \cdots 8$
$458 \div 7 = 65 \cdots 2$	$249 \div 6 = 41 \cdots 4$	도착 

⑬ 나눗셈의 계산이 맞는지 확인하기

● $48 \div 4$의 계산이 맞는지 확인해 볼까요?

나누는 수와 몫을 곱하면 나누어지는 수가 되어야 합니다.

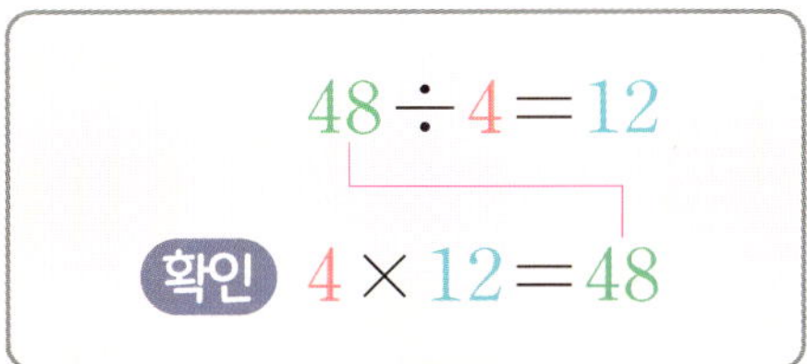

$$48 \div 4 = 12$$

확인 $4 \times 12 = 48$

● $52 \div 6$의 계산이 맞는지 확인해 볼까요?

나누는 수와 몫의 곱에 나머지를 더하면 나누어지는 수가 되어야 합니다.

$$52 \div 6 = 8 \cdots 4$$

확인 $6 \times 8 = 48, \ 48 + 4 = 52$

1~4 계산을 하고 계산이 맞는지 확인하세요.

1

$5 \overline{)\ 5\ \ 0}$

확인 $5 \times \boxed{} = \boxed{}$

3

$3 \overline{)\ 2\ \ 9}$

확인 $3 \times \boxed{} = \boxed{}$,

$\boxed{} + \boxed{} = 29$

2

$7 \overline{)\ 8\ \ 4}$

확인 $7 \times \boxed{} = \boxed{}$

4

$6 \overline{)\ 9\ \ 1}$

확인 $6 \times \boxed{} = \boxed{}$,

$\boxed{} + \boxed{} = 91$

 계산을 하고 계산이 맞는지 확인하세요.

5

$5\overline{)7\ 4}$

확인

$5 \times \boxed{} = \boxed{}$,

$\boxed{} + \boxed{} = \boxed{}$

10

$4\overline{)8\ 3}$

확인

$4 \times \boxed{} = \boxed{}$,

$\boxed{} + \boxed{} = \boxed{}$

6

$7\overline{)3\ 1}$

확인

$7 \times \boxed{} = \boxed{}$,

$\boxed{} + \boxed{} = \boxed{}$

11

$9\overline{)6\ 2}$

확인

$9 \times \boxed{} = \boxed{}$,

$\boxed{} + \boxed{} = \boxed{}$

7

$5\overline{)5\ 9}$

확인

$5 \times \boxed{} = \boxed{}$,

$\boxed{} + \boxed{} = \boxed{}$

12

$8\overline{)8\ 7}$

확인

$8 \times \boxed{} = \boxed{}$,

$\boxed{} + \boxed{} = \boxed{}$

8

$3\overline{)7\ 7}$

확인

$3 \times \boxed{} = \boxed{}$,

$\boxed{} + \boxed{} = \boxed{}$

13

$4\overline{)9\ 8}$

확인

$4 \times \boxed{} = \boxed{}$,

$\boxed{} + \boxed{} = \boxed{}$

9

$6\overline{)4\ 5}$

확인

$6 \times \boxed{} = \boxed{}$,

$\boxed{} + \boxed{} = \boxed{}$

14

$7\overline{)9\ 2}$

확인

$7 \times \boxed{} = \boxed{}$,

$\boxed{} + \boxed{} = \boxed{}$

15 $25 \div 8$

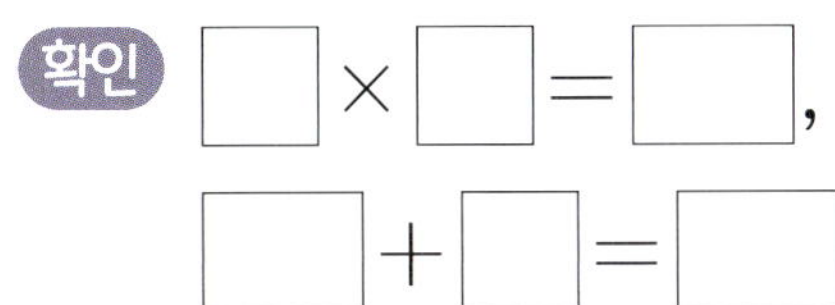

18 $249 \div 6$

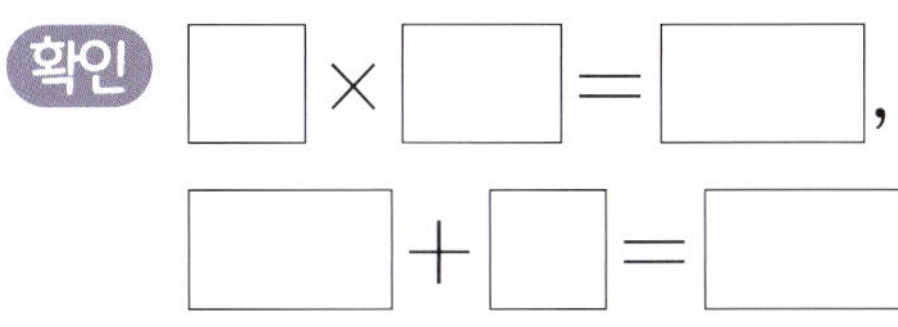

16 $614 \div 7$

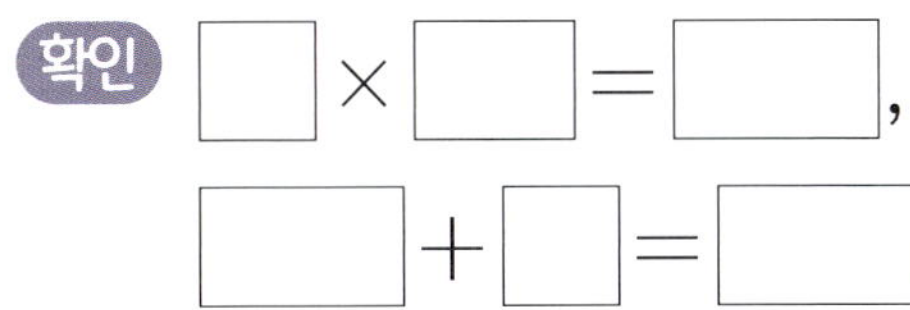

19 $58 \div 4$

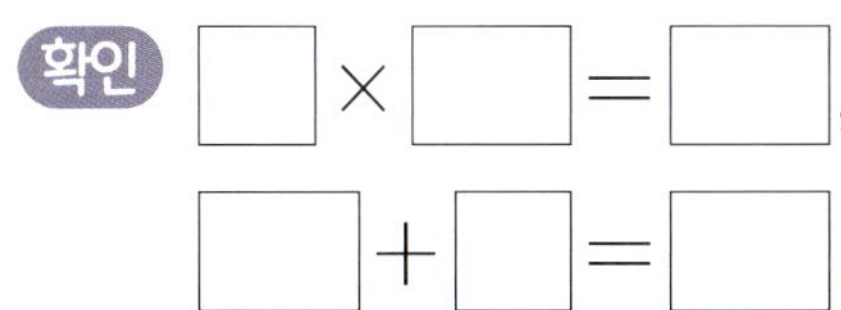

17 $719 \div 5$

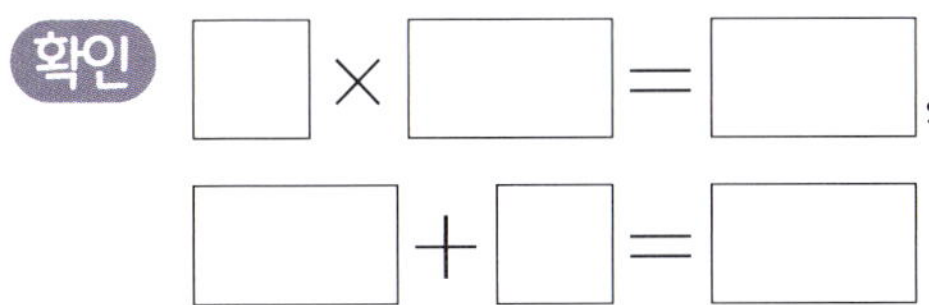

20 $93 \div 8$

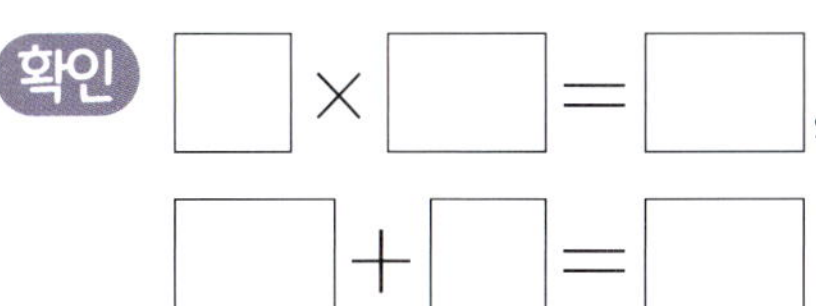

감자 64개를 5명에게 똑같이 나누어 주려고 합니다. 감자를 한 사람에게 몇 개씩 줄 수 있고, 남는 감자는 몇 개인가요? 계산을 하고 계산이 맞는지 확인하세요.

전체 감자 수: ☐ 개, 사람 수: ☐ 명

(전체 감자 수)÷(사람 수) = ☐ ÷ ☐ = ☐ ⋯ ☐

확인 ☐ × ☐ = ☐ , ☐ + ☐ = ☐

감자를 한 사람에게 ☐ 개씩 줄 수 있고, 남는 감자는 ☐ 개입니다.

답 ☐ 개, ☐ 개

몇 층인지 찾기

성하는 아파트에 사는 친구 집에 가려고 합니다. 보기 에서 나눗셈의 계산이 맞는지 확인해 보면 친구 집이 몇 층인지 알 수 있습니다. ①부터 ⑧에 알맞은 수 중에서 5보다 큰 수가 들어가는 번호를 아래 숫자판에서 찾아 모두 색칠하면 친구 집 층수가 나옵니다. 친구는 몇 층에 사는지 찾아 쓰세요.

보기

- $25 \div 9 = 2 \cdots 7$　확인　$9 \times \boxed{①} = 18,\ 18 + \boxed{②} = 25$
- $34 \div 7 = 4 \cdots 6$　확인　$7 \times \boxed{③} = 28,\ 28 + \boxed{④} = 34$
- $69 \div 5 = 13 \cdots 4$　확인　$\boxed{⑤} \times 13 = 65,\ \boxed{⑥} + 4 = 69$
- $74 \div 3 = 24 \cdots 2$　확인　$3 \times \boxed{⑦} = 72,\ 72 + \boxed{⑧} = 74$

📖 교과서 나눗셈

마무리 연산

1~2 수 모형을 보고 □ 안에 알맞은 수를 써넣으세요.

1 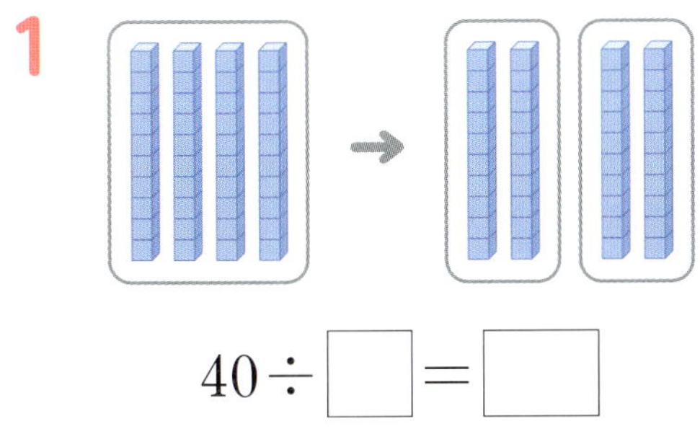

$$40 \div \boxed{} = \boxed{}$$

2 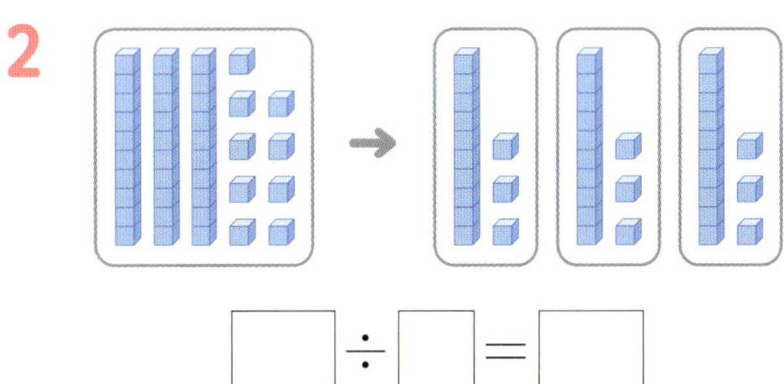

$$\boxed{} \div \boxed{} = \boxed{}$$

3~8 나눗셈을 하세요.

3 $3 \overline{)6\ 9}$

5 $5 \overline{)4\ 8}$

7 $4 \overline{)3\ 6\ 8}$

4 $2 \overline{)7\ 2}$

6 $8 \overline{)9\ 2}$

8 $6 \overline{)6\ 1\ 7}$

9~17 나눗셈을 하세요.

9 $64 \div 2$

12 $59 \div 8$

15 $484 \div 4$

10 $78 \div 6$

13 $86 \div 4$

16 $135 \div 3$

11 $95 \div 5$

14 $83 \div 7$

17 $178 \div 9$

18 | 90 | ÷6 | →

20 | 287 | ÷7 | →

19 | 78 | ÷3 | →

21 | 560 | ÷5 | →

22~25 나눗셈을 하여 몫은 ⬜ 안에, 나머지는 ◯ 안에 써넣으세요.

22 ÷

| 56 | 6 | |
| 30 | 8 | |

24 ÷

| 167 | 4 | |
| 131 | 2 | |

23 ÷

| 94 | 9 | |
| 67 | 4 | |

25 ÷

| 592 | 5 | |
| 999 | 7 | |

26~29 계산을 하고 계산이 맞는지 확인하세요.

26 $37 \div 8$

확인 ⬜ × ⬜ = ⬜ ,
⬜ + ⬜ = ⬜

28 $77 \div 3$

확인 ⬜ × ⬜ = ⬜ ,
⬜ + ⬜ = ⬜

27 $89 \div 5$

확인 ⬜ × ⬜ = ⬜ ,
⬜ + ⬜ = ⬜

29 $249 \div 6$

확인 ⬜ × ⬜ = ⬜ ,
⬜ + ⬜ = ⬜

30 몫이 18인 것을 찾아 기호를 쓰세요.

$$\bigcirc \ 48 \div 3 \qquad \bigcirc \ 90 \div 5 \qquad \bigcirc \ 76 \div 4$$

(　　　　　　　　　)

31 몫이 큰 것부터 차례로 (　　) 안에 1, 2, 3을 써넣으세요.

$$100 \div 4 \qquad 198 \div 9 \qquad 144 \div 6$$

(　　　)　　　　(　　　)　　　　(　　　)

32 관계있는 것끼리 선으로 이으세요.

$119 \div 3$	•		•	$3 \times 39 = 117, \ 117 + 2 = 119$
$60 \div 8$	•		•	$6 \times 41 = 246, \ 246 + 5 = 251$
$251 \div 6$	•		•	$8 \times 7 = 56, \ 56 + 4 = 60$

33 두 나눗셈의 나머지의 합을 구하세요.

(　　　　　　　　　)

34 광준이는 위인전 60쪽을 5일 동안 매일 똑같이 나누어 모두 읽으려고 합니다. 하루에 읽어야 하는 위인전은 몇 쪽인가요?

식

답

35 학생 96명이 있습니다. 학생들이 한 줄에 6명씩 서면 모두 몇 줄이 되나요?

식

답

36 공 38개를 한 모둠에 4개씩 나누어 주려고 합니다. 공을 몇 모둠에게 나누어 줄 수 있고, 남는 공은 몇 개인가요?

식

답

37 마카롱을 220개 만들어 한 봉지에 9개씩 담아 포장하려고 합니다. 마카롱을 몇 봉지에 담을 수 있고, 남는 마카롱은 몇 개인가요?

식

답

📖 교과서 분수

① 분수로 나타내기

● 부분은 전체의 얼마인지 분수로 나타내 볼까요?

• 딸기 8개를 똑같이 2묶음으로 나눈 것 중의 1묶음은 4개입니다.

4는 2묶음 중의 1묶음입니다.

4는 8의 $\dfrac{1}{2}$입니다.

• 귤 9개를 똑같이 3묶음으로 나눈 것 중의 1묶음은 3개입니다.

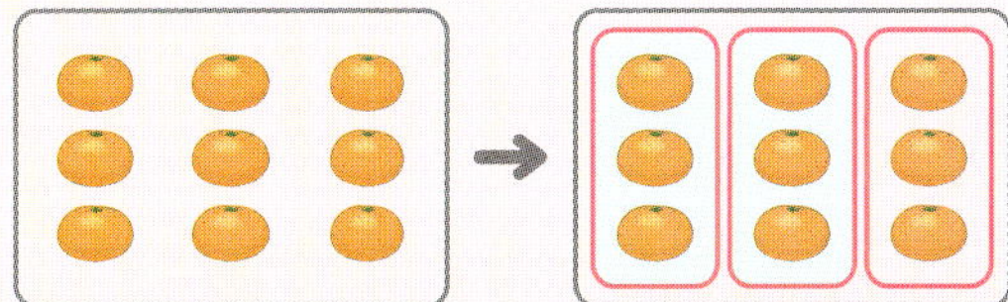

6은 3묶음 중의 2묶음입니다.

6은 9의 $\dfrac{2}{3}$입니다.

1~2 그림을 보고 ☐ 안에 알맞은 수를 써넣으세요.

1

16을 4씩 묶으면 ☐ 묶음입니다. ➡ 4는 16의 $\dfrac{☐}{☐}$입니다.

2

15를 3씩 묶으면 ☐ 묶음입니다. ➡ 9는 15의 $\dfrac{☐}{☐}$입니다.

3

2는 10의 □/□ 입니다.

4는 10의 □/□ 입니다.

6

3은 12의 □/□ 입니다.

9는 12의 □/□ 입니다.

4

4는 12의 □/□ 입니다.

8은 12의 □/□ 입니다.

7

5는 20의 □/□ 입니다.

15는 20의 □/□ 입니다.

5

3은 15의 □/□ 입니다.

6은 15의 □/□ 입니다.

8

3은 18의 □/□ 입니다.

12는 18의 □/□ 입니다.

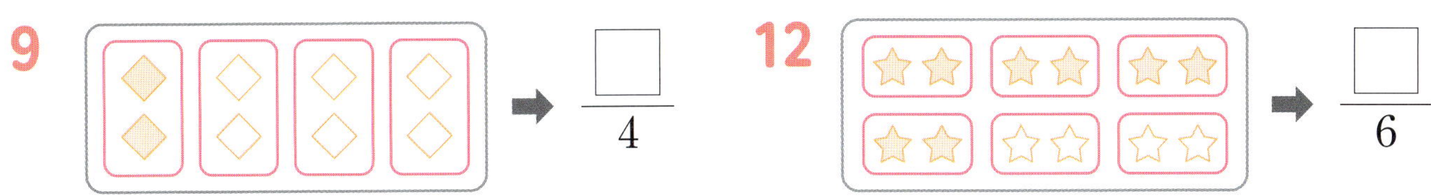

9 $\dfrac{\square}{4}$

12 $\dfrac{\square}{6}$

10 $\dfrac{\square}{4}$

13 $\dfrac{\square}{4}$

11 $\dfrac{\square}{5}$

14 $\dfrac{\square}{6}$

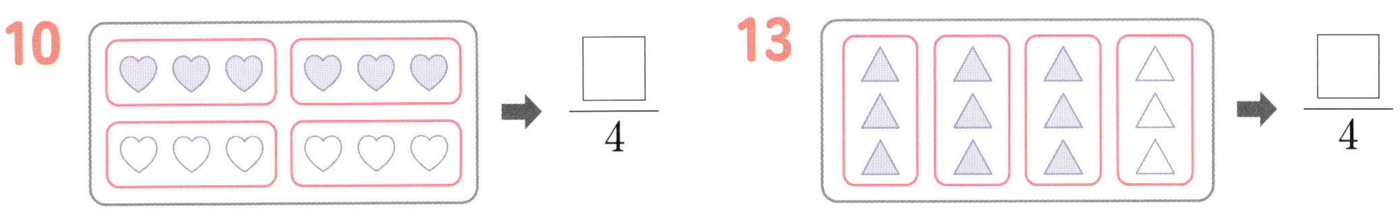

원태는 고구마 32개를 4개씩 상자에 나누어 담아 그중 20개를 친구에게 주었습니다. 원태가 친구에게 준 고구마는 전체의 몇 분의 몇인가요?

고구마 32개를 똑같이 4개씩 묶으면 $\square$ 묶음입니다.

고구마 20개는 $\square$ 묶음 중의 $\square$ 묶음이므로 32의 $\dfrac{\square}{\square}$ 입니다.

따라서 친구에게 준 고구마는 전체의 $\dfrac{\square}{\square}$ 입니다.

답 $\dfrac{\square}{\square}$

단어 완성하기

정용이는 놀이터에서 쪽지를 주웠습니다. 그런데 쪽지에 쓰여 있는 글자에 물이 묻어 보이지 않습니다. 힌트 를 보고 ①~⑤에 알맞은 수에 해당하는 모음과 자음을 해독표 에서 찾아 차례로 쓰면 단어가 완성됩니다. 완성된 단어는 무엇인지 쓰세요.

힌트

- 18을 3씩 묶으면 15는 18의 $\dfrac{①}{6}$ 입니다.

- 36을 4씩 묶으면 12는 36의 $\dfrac{②}{3}$ 입니다.

- 25를 5씩 묶으면 20은 25의 $\dfrac{④}{⑤}$ 입니다.

해독표

4	ㅡ	9	ㅅ	10	ㅏ
15	ㄱ	6	ㅔ	1	ㅊ
8	ㅐ	2	ㅂ	5	ㅇ
3	ㅜ	13	ㅗ	7	ㅠ

① ② ③ ④ ⑤

➡ 완성된 단어는 [ ][ ] 입니다.

오늘 나의 실력을 평가해 봐!

부모님 응원 한마디

② 분수만큼은 얼마인지 알아보기

● **분수만큼은 얼마인지 알아볼까요?**

사탕 12개를 똑같이 6묶음으로 나눈 것 중의 1묶음은 2개입니다.

- 12의 $\dfrac{1}{6}$은 12를 똑같이 6묶음으로 나눈 것 중의 1묶음이므로 2입니다.

- 12의 $\dfrac{4}{6}$는 12를 똑같이 6묶음으로 나눈 것 중의 4묶음이므로 8입니다.

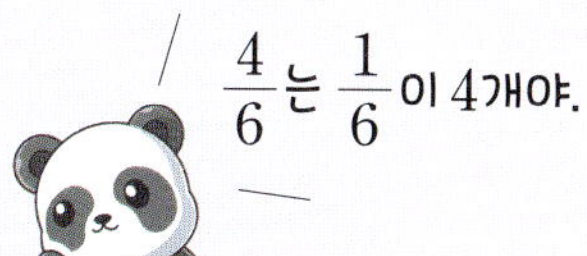

1~4 그림을 보고 □ 안에 알맞은 수를 써넣으세요.

1

16의 $\dfrac{1}{8}$은 □ 입니다.

16의 $\dfrac{3}{8}$은 □ 입니다.

2

14의 $\dfrac{1}{7}$은 □ 입니다.

14의 $\dfrac{5}{7}$는 □ 입니다.

3

18의 $\dfrac{1}{6}$은 □ 입니다.

18의 $\dfrac{4}{6}$는 □ 입니다.

4

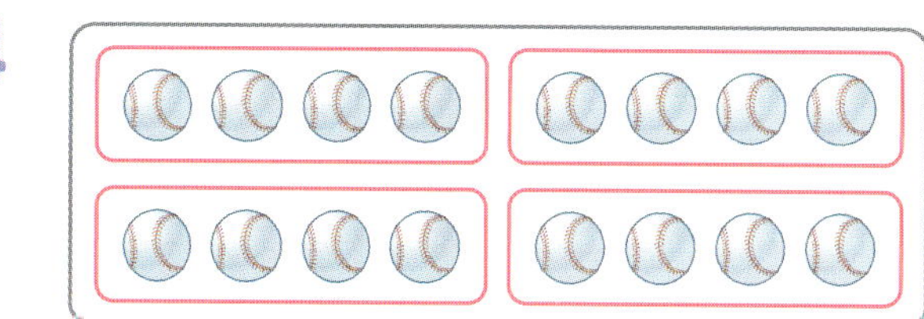

16의 $\dfrac{1}{4}$은 □ 입니다.

16의 $\dfrac{2}{4}$는 □ 입니다.

5 16의 $\dfrac{1}{2}$ 은 □ 입니다.

6 8의 $\dfrac{1}{4}$ 은 □ 입니다.

7 30의 $\dfrac{1}{5}$ 은 □ 입니다.

8 40의 $\dfrac{1}{8}$ 은 □ 입니다.

9 9의 $\dfrac{3}{9}$ 은 □ 입니다.

10 40의 $\dfrac{5}{8}$ 는 □ 입니다.

11 24의 $\dfrac{4}{6}$ 는 □ 입니다.

12 18의 $\dfrac{4}{6}$ 는 □ 입니다.

13 21의 $\dfrac{2}{3}$ 는 □ 입니다.

14 42의 $\dfrac{1}{7}$ 은 □ 입니다.

15 64의 $\dfrac{3}{8}$ 은 □ 입니다.

16 36의 $\dfrac{1}{12}$ 은 □ 입니다.

17 45의 $\dfrac{5}{9}$ 는 □ 입니다.

18 56의 $\dfrac{4}{7}$ 는 □ 입니다.

19 21의 $\dfrac{1}{7}$ ➡ ☐

23 15의 $\dfrac{4}{5}$

8	10	12

20 12의 $\dfrac{3}{6}$ ➡ ☐

24 28의 $\dfrac{3}{4}$

14	21	28

21 32의 $\dfrac{6}{8}$ ➡ ☐

25 54의 $\dfrac{5}{9}$

24	25	30

22 48의 $\dfrac{4}{6}$ ➡ ☐

26 49의 $\dfrac{6}{7}$

42	48	54

여정이는 사과 35개를 사 왔습니다. 35개의 $\dfrac{3}{5}$을 여정이가 먹었다면 여정이가 먹은 사과는 몇 개인가요?

전체 사과 수: ☐ 개, 여정이가 먹은 사과 수: 35개의 $\dfrac{☐}{☐}$

35의 $\dfrac{☐}{☐}$은/는 ☐이므로 여정이가 먹은 사과는 ☐개입니다. 답 ☐ 개

재미있는 연산 놀이터

빙고 놀이하기

범석이와 경은이가 빙고 놀이를 하고 있습니다. 빙고 놀이에서 이긴 사람은 누구인가요?

빙고 놀이 방법

1. 가로, 세로 5칸인 놀이판에 10부터 50까지의 수를 자유롭게 적은 다음 서로 번갈아 가며 수를 말합니다.
2. 자신과 상대방이 말하는 수에 ✕표 합니다.
3. 가로, 세로, ／, ＼ 중 한 줄에 있는 5개의 수에 모두 ✕표 한 경우 '빙고'를 외칩니다.
4. 먼저 '빙고'를 외치는 사람이 이깁니다.

내가 먼저 한다. 20의 $\frac{2}{4}$!

범석이의 놀이판

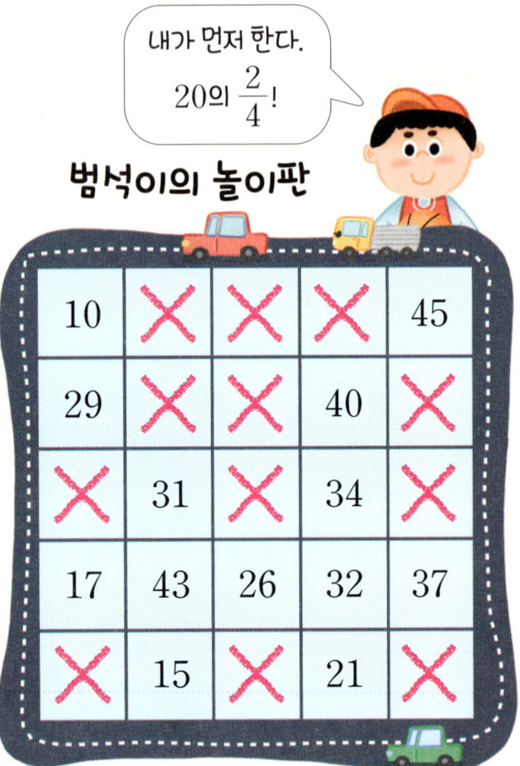

10	✕	✕	✕	45
29	✕	✕	40	✕
✕	31	✕	34	✕
17	43	26	32	37
✕	15	✕	21	✕

다음은 나지? 난 48의 $\frac{5}{6}$!

경은이의 놀이판

✕	✕	10	✕	40
21	✕	17	31	20
✕	29	15	✕	✕
50	32	✕	26	✕
✕	35	✕	44	✕

7주 1일 정답 확인

오늘 나의 실력을 평가해 봐!

부모님 응원 한마디

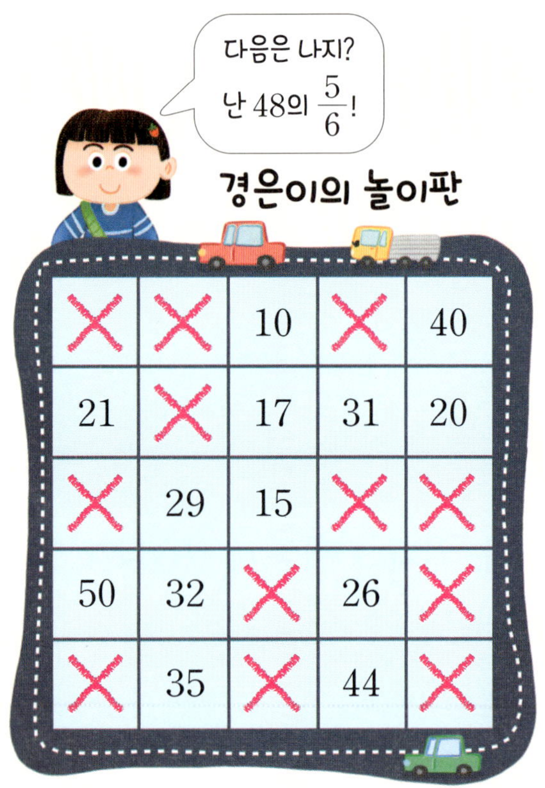

③ 대분수를 가분수로, 가분수를 대분수로 나타내기

● $2\dfrac{1}{3}$ 을 가분수로 나타내 볼까요?

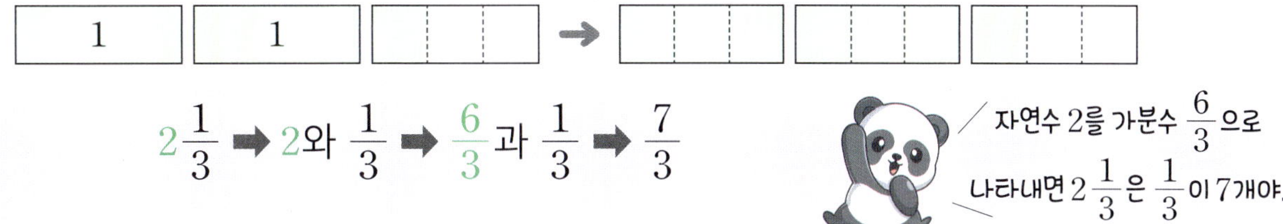

$$2\dfrac{1}{3} \;\Rightarrow\; 2\text{와}\;\dfrac{1}{3} \;\Rightarrow\; \dfrac{6}{3}\text{과}\;\dfrac{1}{3} \;\Rightarrow\; \dfrac{7}{3}$$

● $\dfrac{9}{4}$ 를 대분수로 나타내 볼까요?

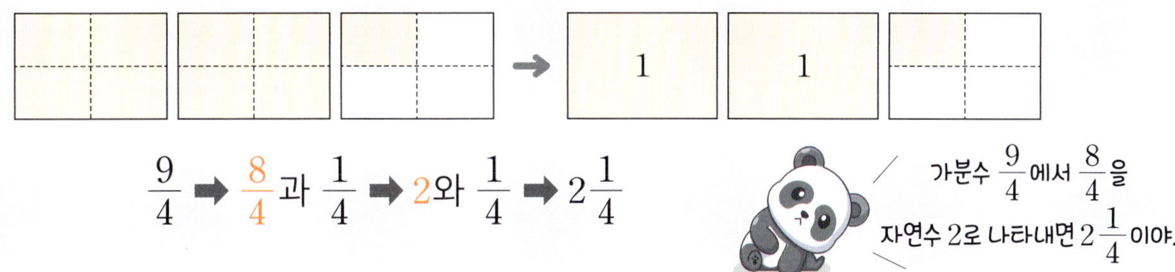

$$\dfrac{9}{4} \;\Rightarrow\; \dfrac{8}{4}\text{과}\;\dfrac{1}{4} \;\Rightarrow\; 2\text{와}\;\dfrac{1}{4} \;\Rightarrow\; 2\dfrac{1}{4}$$

1~4 그림을 보고 대분수는 가분수로, 가분수는 대분수로 나타내세요.

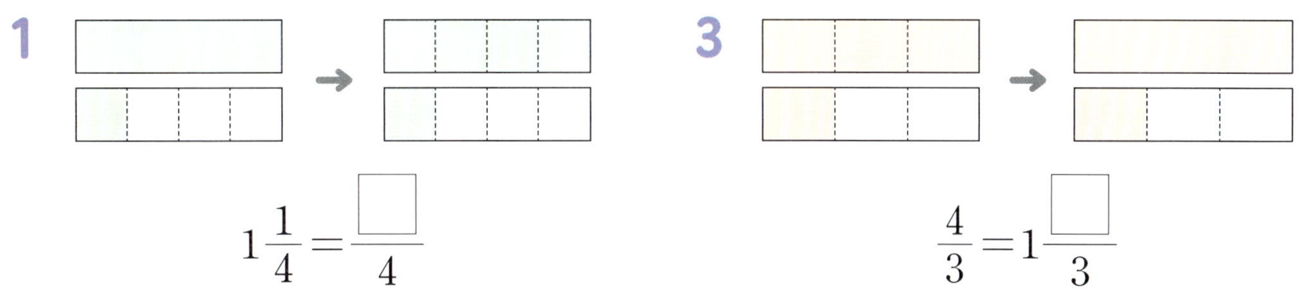

1 $1\dfrac{1}{4} = \dfrac{\boxed{}}{4}$

3 $\dfrac{4}{3} = 1\dfrac{\boxed{}}{3}$

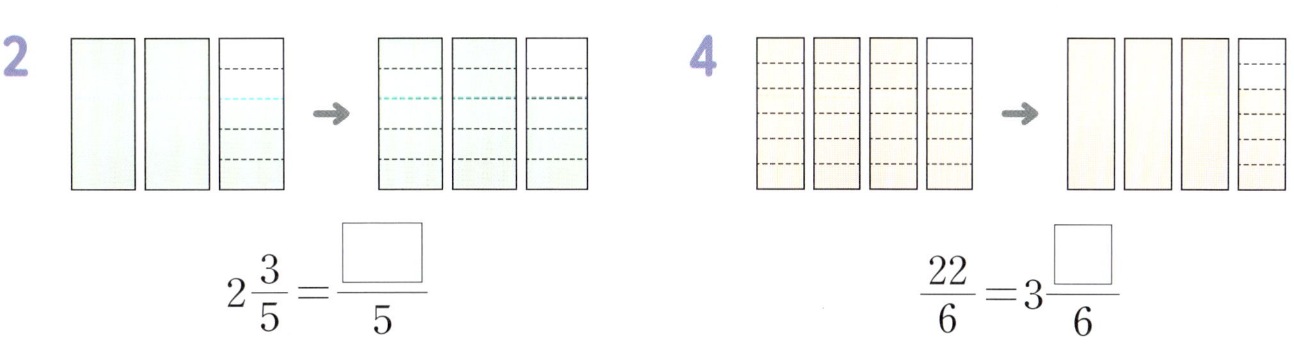

2 $2\dfrac{3}{5} = \dfrac{\boxed{}}{5}$

4 $\dfrac{22}{6} = 3\dfrac{\boxed{}}{6}$

5 $2\dfrac{2}{3}$

6 $4\dfrac{1}{4}$

7 $3\dfrac{2}{7}$

8 $1\dfrac{4}{8}$

9 $2\dfrac{3}{5}$

10 $4\dfrac{2}{9}$

11 $3\dfrac{4}{7}$

12 $2\dfrac{5}{6}$

13 $\dfrac{7}{4}$

14 $\dfrac{10}{3}$

15 $\dfrac{15}{8}$

16 $\dfrac{9}{2}$

17 $\dfrac{26}{6}$

18 $\dfrac{29}{3}$

19 $\dfrac{32}{5}$

20 $\dfrac{47}{7}$

21 

$2\dfrac{2}{9}$

25 

$\dfrac{27}{7}$

22 

$5\dfrac{3}{5}$

26 

$4\dfrac{5}{8}$

23 

$\dfrac{13}{2}$

27 

$\dfrac{31}{4}$

24 

$\dfrac{9}{6}$

28 

$3\dfrac{2}{3}$

명근이의 제자리멀리뛰기 기록은 $1\dfrac{4}{9}$ m입니다. 명근이의 기록은 몇 m인지 가분수로 나타내세요.

$1\dfrac{4}{9}$ 는 1과 $\dfrac{\square}{\square}$ 이므로 $\dfrac{\square}{\square}$ 와/과 $\dfrac{\square}{\square}$ 입니다.

따라서 명근이의 기록을 가분수로 나타내면 $\dfrac{\square}{\square}$ m입니다.

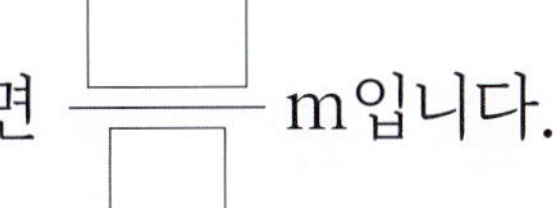

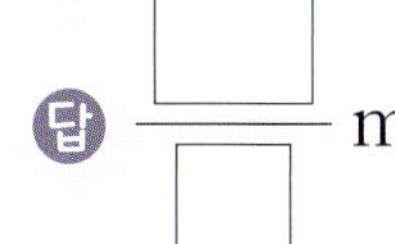

답 $\dfrac{\square}{\square}$ m

사다리 타기

사다리 타기는 세로선을 따라 아래로 내려가다가 가로선을 만나면 가로로 이동하고, 다시 세로선을 만나면 세로선을 따라 아래로 내려가는 놀이입니다. 대분수는 가분수로, 가분수는 대분수로 나타낸 수를 사다리를 타고 내려가서 도착한 곳에 써 넣으세요.

📖 교과서 분수

❹ 분수의 크기 비교(1)

● **분모가 같은 가분수의 크기를 비교해 볼까요?**

분모가 같은 가분수끼리의 크기 비교에서는 분자의 크기를 비교합니다.

$$\frac{9}{5}, \frac{6}{5} \quad \xrightarrow{\substack{9>6 \\ \text{분자가 클수록 더 큽니다.}}} \quad \frac{9}{5} > \frac{6}{5}$$

● **분모가 같은 대분수의 크기를 비교해 볼까요?**

분모가 같은 대분수끼리의 크기 비교에서는 먼저 자연수의 크기를 비교합니다.

$$3\frac{3}{7}, 5\frac{6}{7} \quad \xrightarrow{\substack{3<5 \\ \text{자연수가 클수록} \\ \text{더 큽니다.}}} \quad 3\frac{3}{7} < 5\frac{6}{7}$$

자연수의 크기가 같으면 분자의 크기를 비교합니다.

$$2\frac{5}{9}, 2\frac{2}{9} \quad \xrightarrow{\substack{5>2 \\ \text{분자가 클수록} \\ \text{더 큽니다.}}} \quad 2\frac{5}{9} > 2\frac{2}{9}$$

1~6 더 큰 분수에 ◯표 하세요.

1 $\dfrac{7}{3}$ $\dfrac{5}{3}$

4 $4\dfrac{7}{8}$ $6\dfrac{3}{8}$

2 $\dfrac{11}{10}$ $\dfrac{12}{10}$

5 $3\dfrac{1}{4}$ $4\dfrac{3}{4}$

3 $\dfrac{13}{5}$ $\dfrac{7}{5}$

6 $5\dfrac{8}{9}$ $5\dfrac{1}{9}$

7 $\dfrac{4}{3}$ ○ $\dfrac{8}{3}$

8 $\dfrac{9}{8}$ ○ $\dfrac{10}{8}$

9 $9\dfrac{3}{4}$ ○ $9\dfrac{2}{4}$

10 $3\dfrac{9}{10}$ ○ $5\dfrac{2}{10}$

11 $\dfrac{11}{2}$ ○ $\dfrac{9}{2}$

12 $2\dfrac{1}{5}$ ○ $2\dfrac{4}{5}$

13 $3\dfrac{1}{2}$ ○ $4\dfrac{1}{2}$

14 $2\dfrac{3}{11}$ ○ $2\dfrac{2}{11}$

15 $\dfrac{13}{6}$ ○ $\dfrac{15}{6}$

16 $2\dfrac{1}{3}$ ○ $1\dfrac{2}{3}$

17 $\dfrac{13}{10}$ ○ $\dfrac{15}{10}$

18 $1\dfrac{4}{6}$ ○ $1\dfrac{3}{6}$

19 $\dfrac{17}{8}$ ○ $\dfrac{14}{8}$

20 $1\dfrac{4}{5}$ ○ $2\dfrac{1}{5}$

21 $4\dfrac{6}{7}$ ○ $4\dfrac{4}{7}$

22 $3\dfrac{7}{8}$ ○ $4\dfrac{3}{8}$

23 $\dfrac{22}{9}$ ○ $\dfrac{20}{9}$

24 $6\dfrac{11}{14}$ ○ $5\dfrac{13}{14}$

25

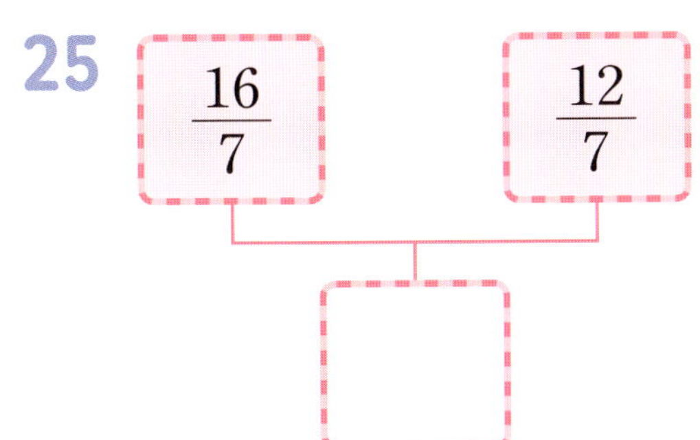

30

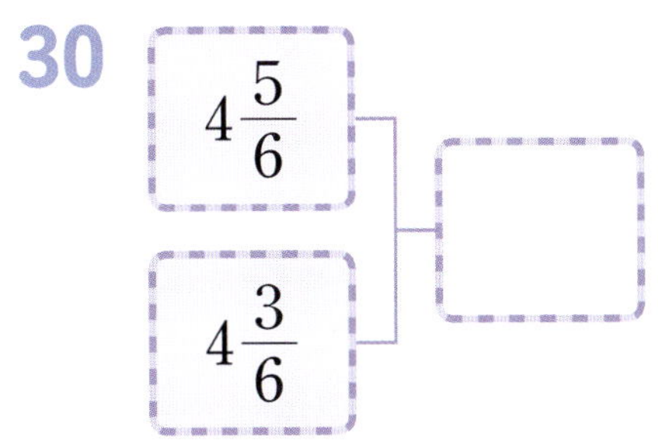

26

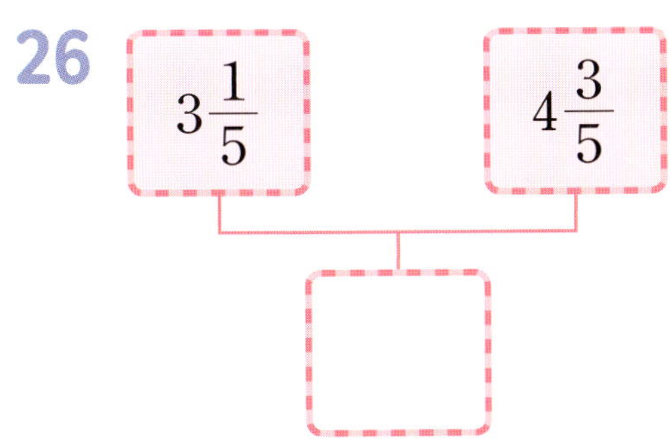

31

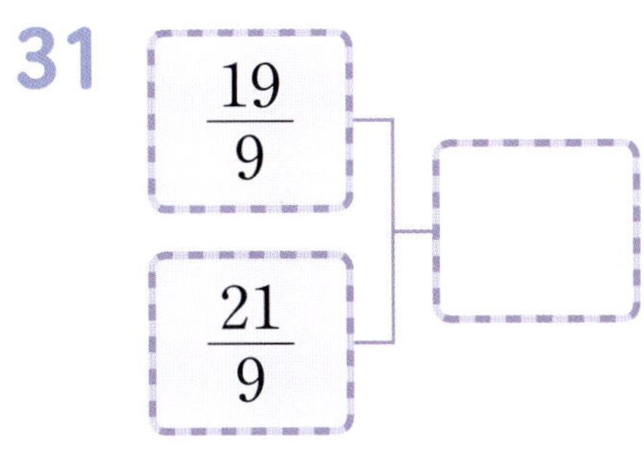

27

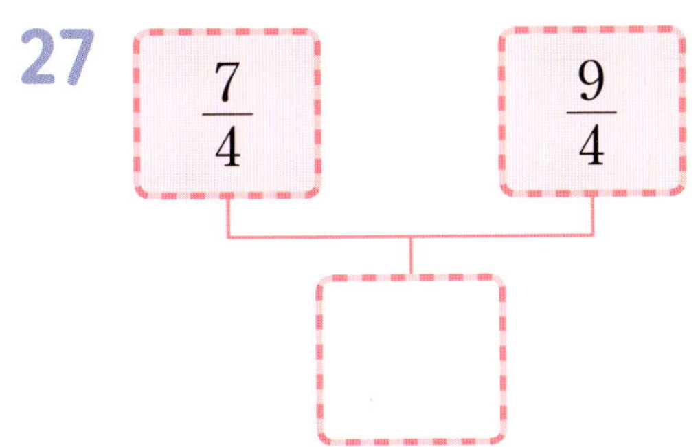

32

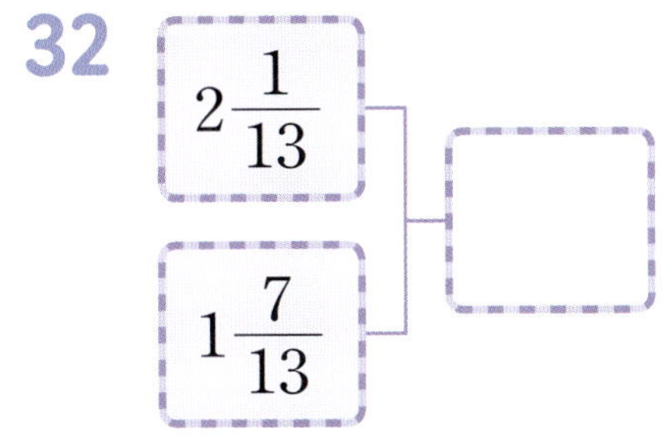

28

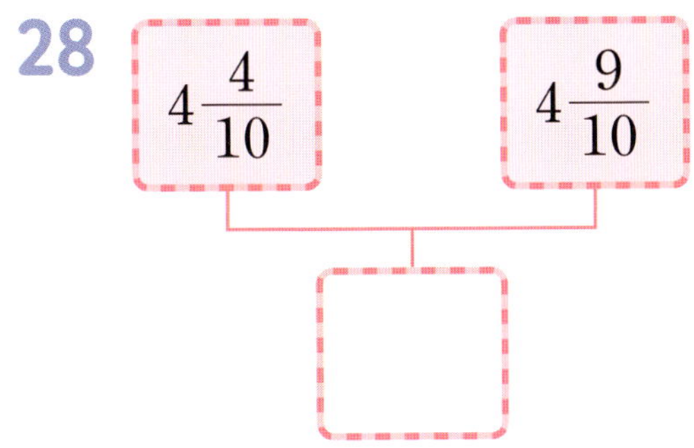

33

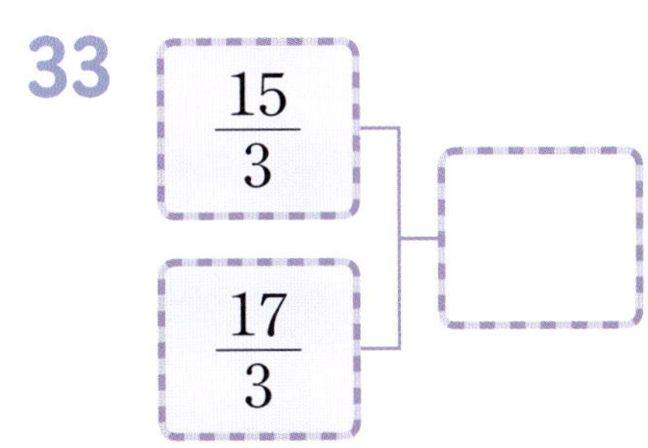

29

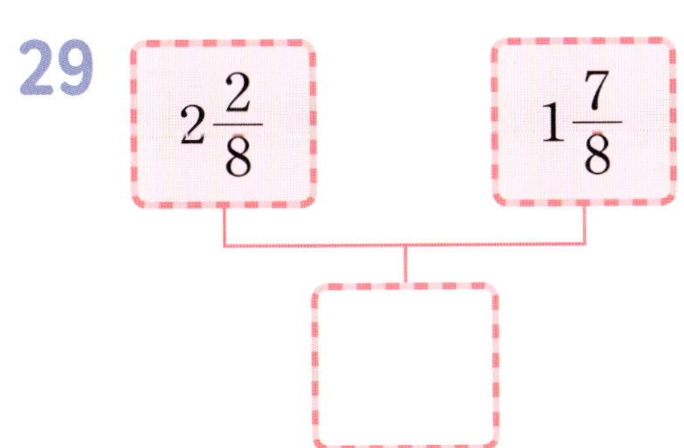

34

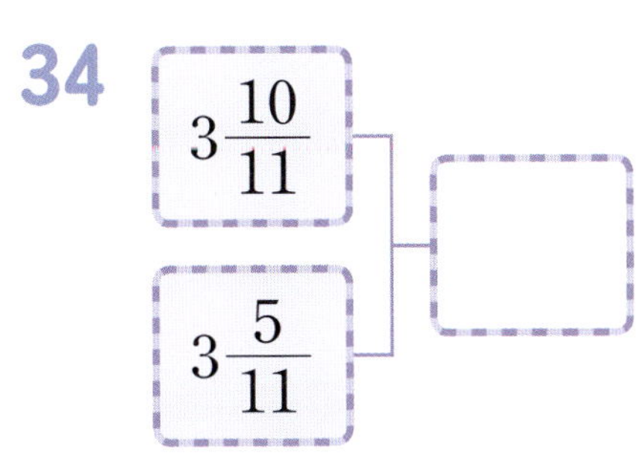

소풍 복장 고르기

은선이는 소풍에 입을 윗옷, 아래옷, 신발, 모자를 고르려고 합니다. 꼬리표에 적힌 두 분수 중에서 더 큰 분수에 해당하는 것을 각각 고르기로 하였습니다. 은선이가 소풍에 입을 옷을 아래에서 각각 찾아 알맞은 소풍 복장 에 ○표 하세요.

소풍 복장

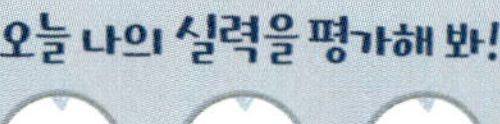
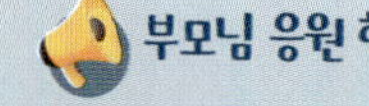

 교과서 분수

 7주 4일

⑤ 분수의 크기 비교(2)

● 대분수 $2\frac{3}{4}$ 과 가분수 $\frac{13}{4}$ 의 크기를 비교해 볼까요?

방법1 대분수를 가분수로 나타내어 비교하기

$$2\frac{3}{4}=\frac{11}{4}\ \text{이므로}$$

$$\frac{11}{4},\ \frac{13}{4}\ \xrightarrow[\text{더 큽니다.}]{11<13\ \text{분자가 클수록}}\ 2\frac{3}{4}<\frac{13}{4}$$

방법2 가분수를 대분수로 나타내어 비교하기

$$\frac{13}{4}=3\frac{1}{4}\ \text{이므로}$$

$$2\frac{3}{4},\ 3\frac{1}{4}\ \xrightarrow[\text{더 큽니다.}]{2<3\ \text{자연수가 클수록}}\ 2\frac{3}{4}<\frac{13}{4}$$

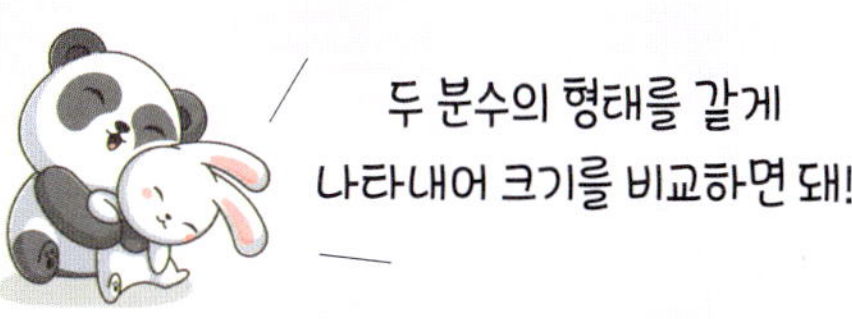

1~8 더 작은 분수에 ◯표 하세요.

1 $\quad 2\frac{3}{4} \qquad \frac{10}{4}$

2 $\quad \frac{17}{8} \qquad 2\frac{4}{8}$

3 $\quad 1\frac{2}{5} \qquad \frac{9}{5}$

4 $\quad \frac{25}{7} \qquad 3\frac{2}{7}$

5 $\quad \frac{21}{10} \qquad 2\frac{4}{10}$

6 $\quad 4\frac{1}{7} \qquad \frac{30}{7}$

7 $\quad \frac{25}{6} \qquad 3\frac{5}{6}$

8 $\quad 4\frac{2}{3} \qquad \frac{13}{3}$

9 $\dfrac{22}{5}$ ○ $3\dfrac{4}{5}$

15 $2\dfrac{2}{8}$ ○ $\dfrac{19}{8}$

21 $\dfrac{23}{11}$ ○ $2\dfrac{5}{11}$

10 $4\dfrac{3}{4}$ ○ $\dfrac{27}{4}$

16 $7\dfrac{1}{5}$ ○ $\dfrac{38}{5}$

22 $2\dfrac{4}{9}$ ○ $\dfrac{22}{9}$

11 $\dfrac{33}{7}$ ○ $3\dfrac{4}{7}$

17 $\dfrac{17}{6}$ ○ $2\dfrac{5}{6}$

23 $5\dfrac{2}{3}$ ○ $\dfrac{16}{3}$

12 $3\dfrac{5}{8}$ ○ $\dfrac{35}{8}$

18 $3\dfrac{3}{13}$ ○ $\dfrac{40}{13}$

24 $\dfrac{61}{9}$ ○ $6\dfrac{8}{9}$

13 $\dfrac{46}{9}$ ○ $5\dfrac{5}{9}$

19 $\dfrac{23}{4}$ ○ $5\dfrac{1}{4}$

25 $2\dfrac{7}{12}$ ○ $\dfrac{29}{12}$

14 $4\dfrac{5}{6}$ ○ $\dfrac{29}{6}$

20 $5\dfrac{2}{8}$ ○ $\dfrac{46}{8}$

26 $\dfrac{42}{5}$ ○ $7\dfrac{4}{5}$

27

30
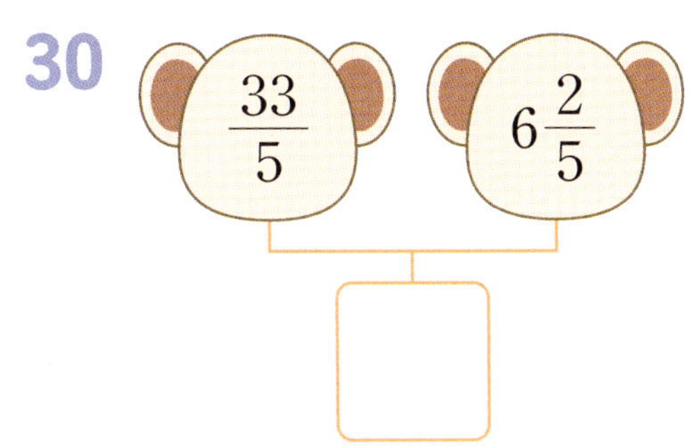

28
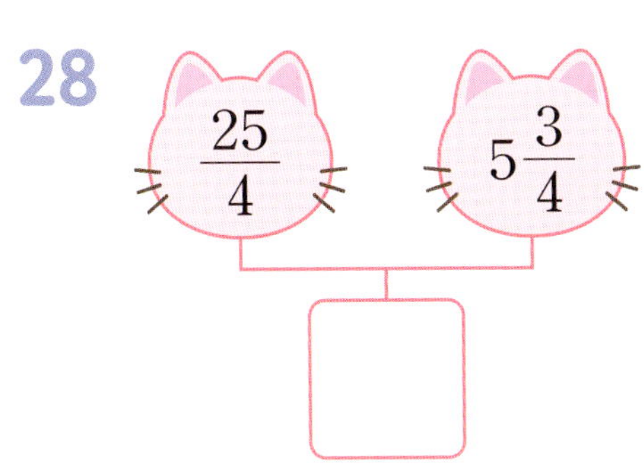

31
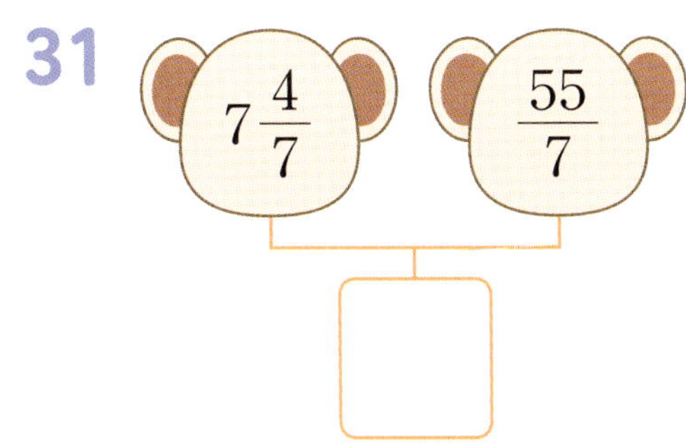

29
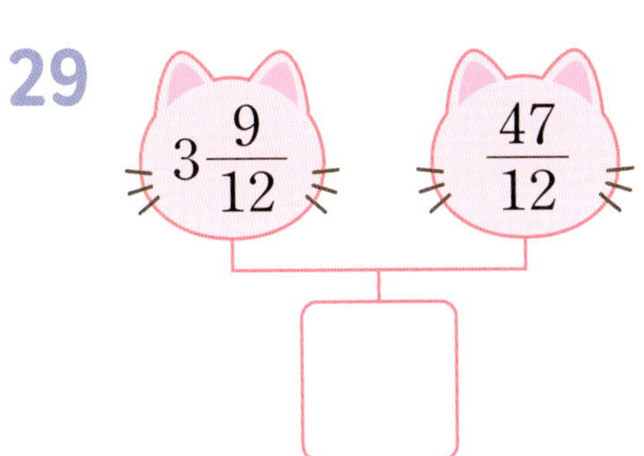

32
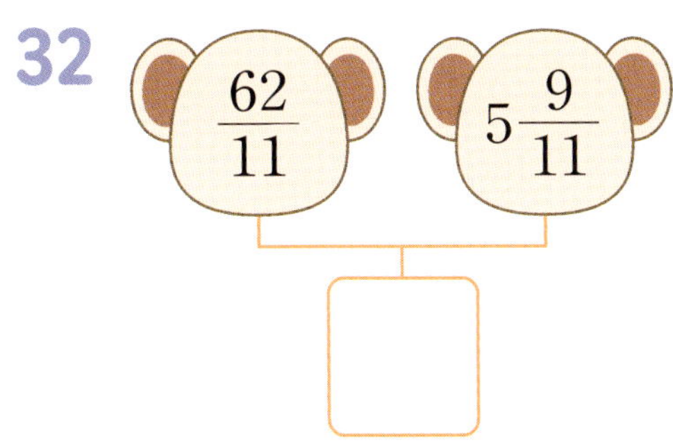

연산 +

해민이는 $\dfrac{11}{6}$ 시간 동안 숙제를 하고, $1\dfrac{4}{6}$ 시간 동안 청소를 했습니다. 해민이는 숙제와 청소 중 어느 것을 더 오래 했나요?

숙제를 한 시간: $\dfrac{\square}{\square}$ 시간, 청소를 한 시간: $\square\dfrac{\square}{\square}$ 시간

$\dfrac{11}{6}$ 을 대분수로 나타내면 $\square\dfrac{\square}{\square}$ 이므로 $\square\dfrac{\square}{\square}$ ◯ $\square\dfrac{\square}{\square}$ 입니다.

↳ 숙제를 한 시간　　↳ 청소를 한 시간

따라서 $\square$ 를 더 오래 했습니다.　답 $\square$

길 찾기

아기 캥거루가 엄마 캥거루에게 가려고 합니다. 두 분수의 크기를 바르게 비교한 것을 따라가면 엄마 캥거루에게 가는 길을 찾을 수 있습니다. 알맞은 길을 찾아 선으로 이으세요.

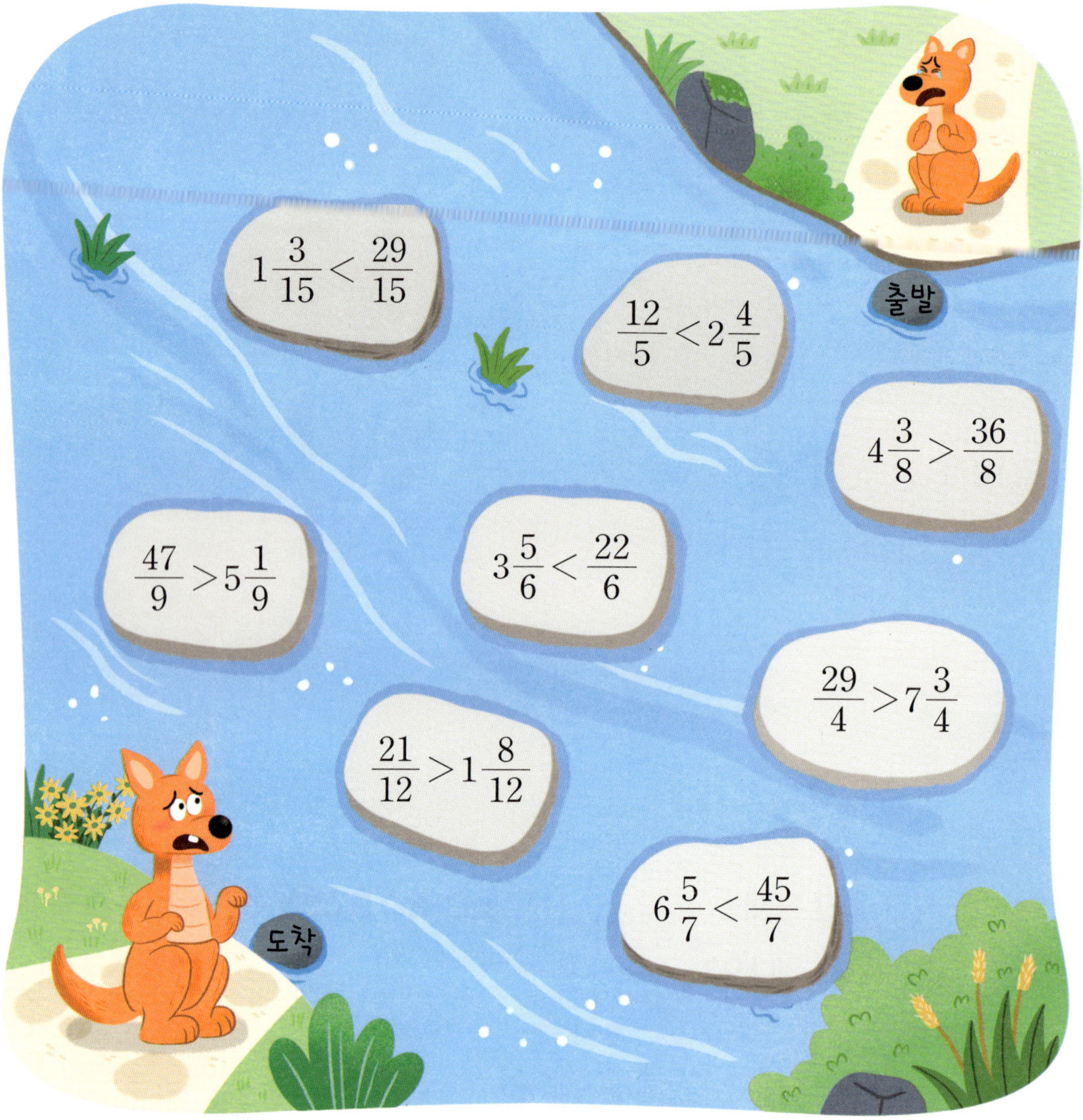

오늘 나의 실력을 평가해 봐! 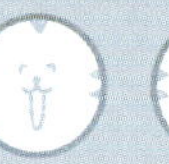

부모님 응원 한마디

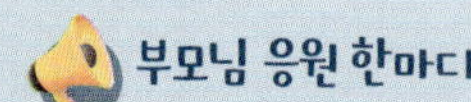

마무리 연산

1~2 그림을 보고 □ 안에 알맞은 수를 써넣으세요.

1 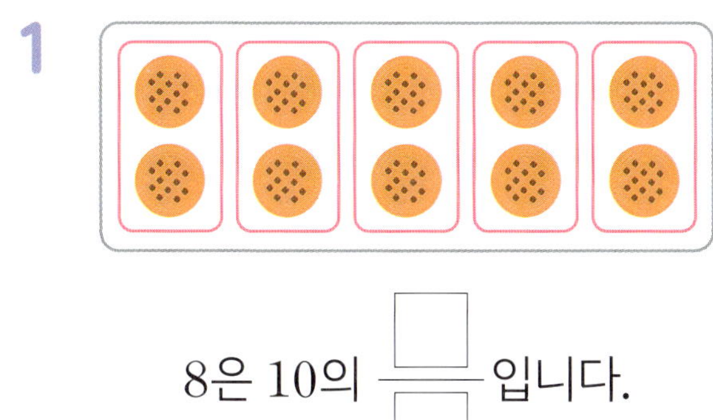

8은 10의 $\dfrac{\Box}{\Box}$ 입니다.

2 

9는 12의 $\dfrac{\Box}{\Box}$ 입니다.

3~6 □ 안에 알맞은 수를 써넣으세요.

3 18의 $\dfrac{2}{6}$ 는 $\Box$ 입니다.

5 55의 $\dfrac{3}{11}$ 은 $\Box$ 입니다.

4 40의 $\dfrac{7}{8}$ 은 $\Box$ 입니다.

6 36의 $\dfrac{4}{6}$ 는 $\Box$ 입니다.

7~12 대분수는 가분수로, 가분수는 대분수로 나타내세요.

7 $1\dfrac{4}{7}$

9 $\dfrac{19}{6}$

11 $3\dfrac{3}{4}$

8 $\dfrac{25}{12}$

10 $4\dfrac{2}{10}$

12 $\dfrac{39}{9}$

13~18 두 분수의 크기를 비교하여 ○ 안에 >, =, <를 알맞게 써넣으세요.

13 $\dfrac{7}{4}$ ○ $1\dfrac{2}{4}$

15 $4\dfrac{1}{3}$ ○ $\dfrac{13}{3}$

17 $\dfrac{25}{6}$ ○ $3\dfrac{4}{6}$

14 $5\dfrac{4}{9}$ ○ $\dfrac{50}{9}$

16 $\dfrac{54}{13}$ ○ $4\dfrac{5}{13}$

18 $3\dfrac{7}{11}$ ○ $\dfrac{40}{11}$

19

63의 $\dfrac{1}{7}$		
7	9	10

20

32의 $\dfrac{7}{8}$		
14	21	28

21

$\dfrac{24}{9}$

23

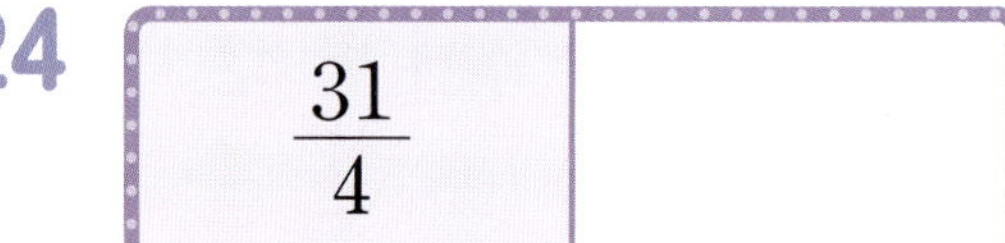

$6\dfrac{2}{6}$

22

$3\dfrac{4}{5}$

24

$\dfrac{31}{4}$

25

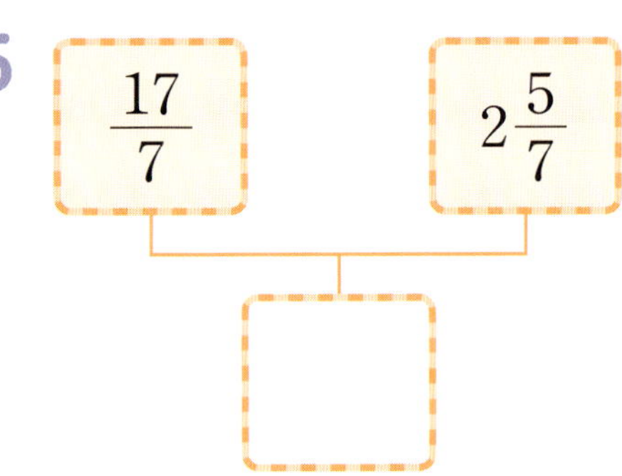

$\dfrac{17}{7}$ $2\dfrac{5}{7}$

27

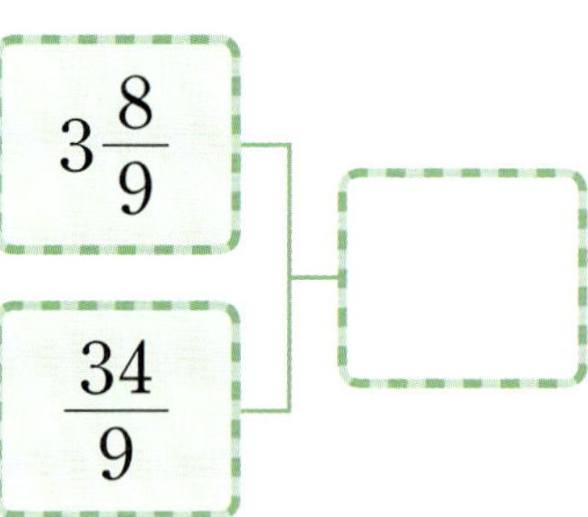

$3\dfrac{8}{9}$ $\dfrac{34}{9}$

26

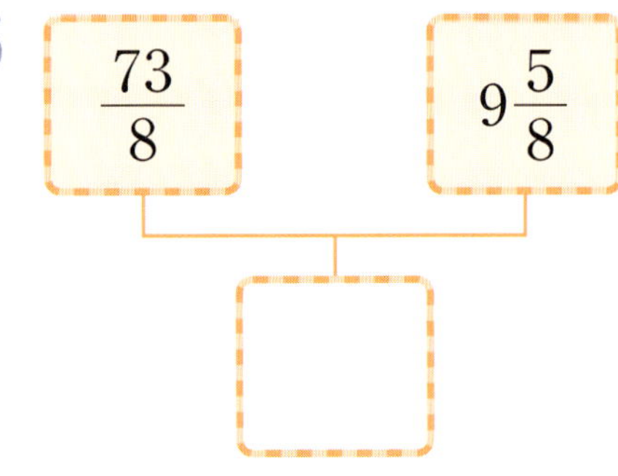

$\dfrac{73}{8}$ $9\dfrac{5}{8}$

28

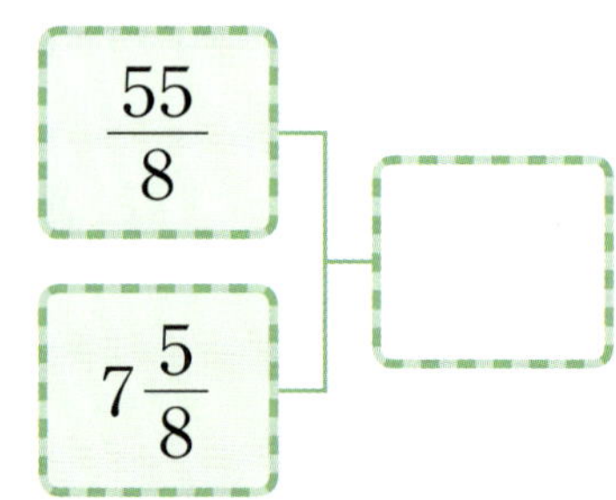

$\dfrac{55}{8}$ $7\dfrac{5}{8}$

29 ☐ 안에 알맞은 분수를 구하세요.

> 48을 6씩 묶으면 18은 48의 ☐입니다.

(   )

30 24를 나타내는 것을 찾아 기호를 쓰세요.

> ㉠ 32의 $\dfrac{3}{4}$　　㉡ 28의 $\dfrac{5}{7}$

(   )

31 어떤 대분수를 가분수로 나타내었더니 $\dfrac{53}{9}$ 이었습니다. 어떤 대분수를 구하세요.

$$? \quad \longrightarrow \quad \dfrac{53}{9}$$

(   )

32 가장 큰 분수를 찾아 쓰세요.

$$\dfrac{25}{6} \qquad 4\dfrac{3}{6} \qquad \dfrac{23}{6}$$

(   )

33 솔이는 귤 12개를 2개씩 봉지에 나누어 담고 그중 4봉지를 누리에게 주었습니다. 솔이가 누리에게 준 귤은 전체의 몇 분의 몇인가요?

 답

34 신성이는 아몬드 27개의 $\dfrac{7}{9}$을 먹었습니다. 신성이가 먹은 아몬드는 몇 개인가요?

 답

35 빨간색 테이프가 $2\dfrac{6}{11}$ m, 파란색 테이프가 $\dfrac{25}{11}$ m 있습니다. 두 색 테이프 중 어느 색 테이프의 길이가 더 짧은가요?

 답

36 오늘 성주는 $\dfrac{22}{15}$시간 동안 줄넘기를 하였고, 용택이는 $2\dfrac{1}{15}$시간 동안 줄넘기를 하였습니다. 성주와 용택이 중 줄넘기를 더 오래 한 사람은 누구인가요?

 답

8주 1일

📖 교과서 들이와 무게

① 들이의 합

● 1 L 600 mL＋2 L 700 mL를 계산해 볼까요?

① L는 L끼리, mL는 mL끼리 더합니다.

② mL끼리의 합이 1000이거나 1000보다 크면 1000 mL를 1 L로 받아올림합니다.

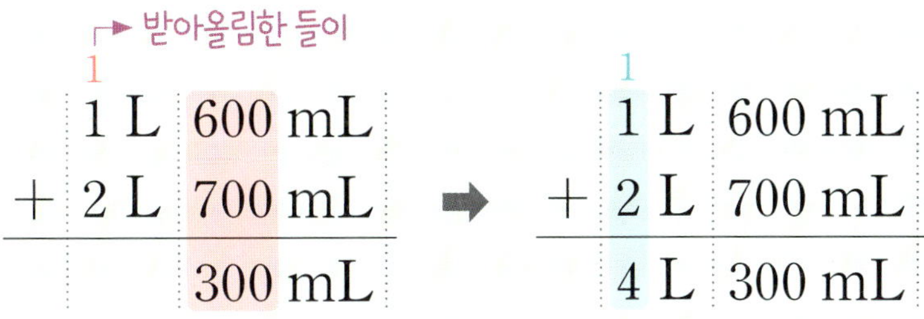

600＋700의 값이 1000보다 크므로 1000 mL를 1 L로 받아올림해.

1~6 ☐ 안에 알맞은 수를 써넣으세요.

1
```
    1 L  400 mL
+   2 L  500 mL
────────────────
  ☐ L  ☐ mL
```

4
```
    2 L  300 mL
+   4 L  800 mL
────────────────
  ☐ L  ☐ mL
```

2
```
    3 L  200 mL
+   1 L  600 mL
────────────────
  ☐ L  ☐ mL
```

5
```
    3 L  400 mL
+   3 L  900 mL
────────────────
  ☐ L  ☐ mL
```

3
```
    1 L  300 mL
+   4 L  150 mL
────────────────
  ☐ L  ☐ mL
```

6
```
    6 L  600 mL
+   2 L  800 mL
────────────────
  ☐ L  ☐ mL
```

7
$$4 \text{ L} \quad 300 \text{ mL}$$
$$+ \ 2 \text{ L} \quad 400 \text{ mL}$$

8
$$6 \text{ L} \quad 500 \text{ mL}$$
$$+ \ 3 \text{ L} \quad 350 \text{ mL}$$

9
$$1 \text{ L} \quad 700 \text{ mL}$$
$$+ \ 3 \text{ L} \quad 200 \text{ mL}$$

10
$$2 \text{ L} \quad 600 \text{ mL}$$
$$+ \ 4 \text{ L} \quad 900 \text{ mL}$$

11
$$3 \text{ L} \quad 800 \text{ mL}$$
$$+ \ 6 \text{ L} \quad 750 \text{ mL}$$

12
$$4 \text{ L} \quad 900 \text{ mL}$$
$$+ \ 8 \text{ L} \quad 400 \text{ mL}$$

13 1 L 400 mL + 1 L 500 mL

14 2 L 200 mL + 3 L 100 mL

15 4 L 800 mL + 2 L 500 mL

16 1 L 500 mL + 2 L 700 mL

17 2 L 450 mL + 4 L 700 mL

18 5 L 950 mL + 3 L 250 mL

19 7 L 800 mL + 4 L 700 mL

 빈칸에 알맞은 들이는 몇 L 몇 mL인지 써넣으세요.

20

$+4$ L 600 mL

4 L 150 mL　　□

21

$+1$ L 850 mL

5 L 350 mL　　□

22

$+6$ L 950 mL

2 L 430 mL　　□

 빈칸에 두 들이의 합은 몇 L 몇 mL인지 써넣으세요.

23

5 L 440 mL	2 L 780 mL

24

8 L 350 mL	4 L 990 mL

25

4 L 770 mL	9 L 680 mL

우유 2 L 600 mL에 초콜릿 시럽 1 L 500 mL를 섞어 초콜릿 우유를 만들었습니다. 만든 초콜릿 우유는 몇 L 몇 mL인가요?

우유의 양: □ L □ mL, 초콜릿 시럽의 양: □ L □ mL

(만든 초콜릿 우유의 양)＝(우유의 양)＋(초콜릿 시럽의 양)

　　＝□ L □ mL＋□ L □ mL

　　＝□ L □ mL　　답 □ L □ mL

도둑 찾기

어느 날 한 저택에 도둑이 들어 가장 비싼 물건을 훔쳐 갔습니다. 사건 단서 ①, ②, ③의 들이에 해당하는 글자를 사건 단서 해독표 에서 찾아 차례로 쓰면 도둑의 이름을 알 수 있습니다. 주어진 사건 단서를 보고 도둑의 이름을 알아보세요.

사건 단서 해독표

김	7 L 600 mL + 5 L 900 mL
수	3 L 400 mL + 9 L 200 mL
이	6 L 500 mL + 6 L 450 mL
유	4 L 750 mL + 8 L 800 mL
진	5 L 900 mL + 7 L 250 mL

도둑의 이름은 ① ② ③ 입니다.

📖 교과서 들이와 무게

② 들이의 차

- 3 L 200 mL − 1 L 800 mL를 계산해 볼까요?

  ① L는 L끼리, mL는 mL끼리 뺍니다.
  ② mL끼리 뺄 수 없으면 1 L를 1000 mL로 받아내림합니다.

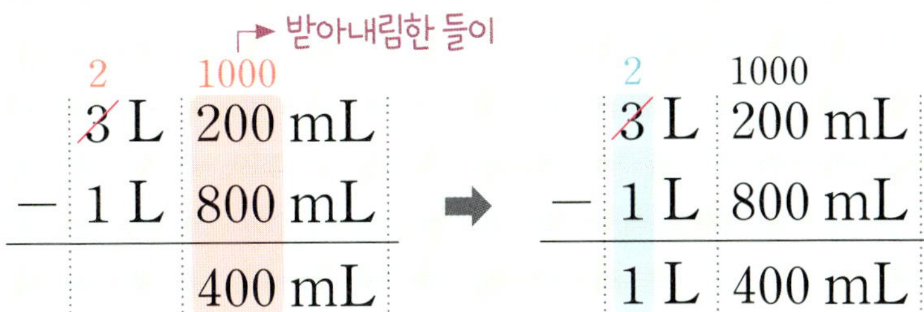

	2	1000
	3 L	200 mL
−	1 L	800 mL
		400 mL

	2	1000
	3 L	200 mL
−	1 L	800 mL
	1 L	400 mL

1~6 □ 안에 알맞은 수를 써넣으세요.

1
	2 L	800 mL
−	1 L	200 mL
	□ L	□ mL

4
	4 L	600 mL
−	1 L	900 mL
	□ L	□ mL

2
	5 L	900 mL
−	2 L	100 mL
	□ L	□ mL

5
	7 L	200 mL
−	3 L	300 mL
	□ L	□ mL

3
	8 L	700 mL
−	4 L	300 mL
	□ L	□ mL

6
	9 L	400 mL
−	5 L	800 mL
	□ L	□ mL

7
$$4 \text{ L} \quad 200 \text{ mL}$$
$$- \ 2 \text{ L} \quad 100 \text{ mL}$$

8
$$6 \text{ L} \quad 550 \text{ mL}$$
$$- \ 3 \text{ L} \quad 300 \text{ mL}$$

9
$$9 \text{ L} \quad 600 \text{ mL}$$
$$- \ 5 \text{ L} \quad 800 \text{ mL}$$

10
$$12 \text{ L} \quad 100 \text{ mL}$$
$$- \ 7 \text{ L} \quad 900 \text{ mL}$$

11
$$8 \text{ L} \quad 550 \text{ mL}$$
$$- \ 4 \text{ L} \quad 700 \text{ mL}$$

12
$$15 \text{ L} \quad 150 \text{ mL}$$
$$- \ 6 \text{ L} \quad 300 \text{ mL}$$

13 7 L 400 mL − 2 L 200 mL

14 5 L 700 mL − 4 L 100 mL

15 6 L 900 mL − 3 L 500 mL

16 8 L 300 mL − 2 L 900 mL

17 11 L 550 mL − 5 L 200 mL

18 12 L 250 mL − 4 L 600 mL

19 13 L 750 mL − 9 L 300 mL

 빈칸에 알맞은 들이는 몇 L 몇 mL인지 써넣으세요.

20 5 L 750 mL

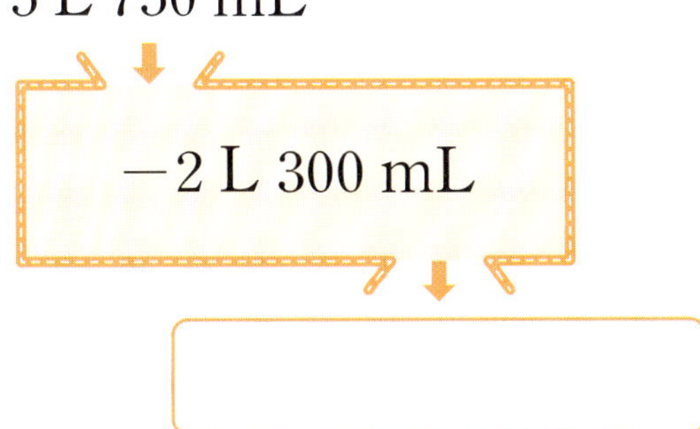

23

21 9 L 200 mL

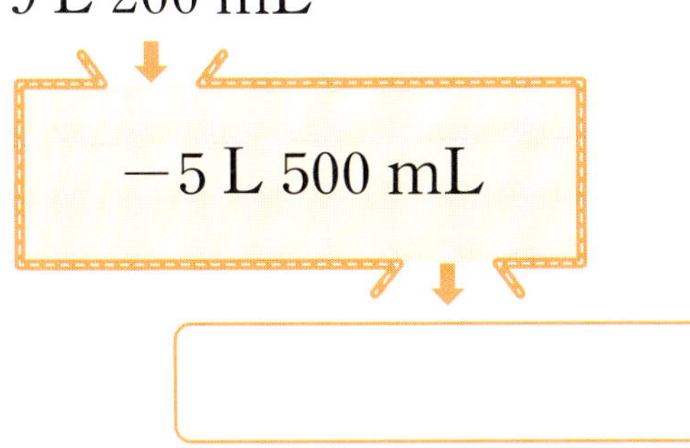

24

22 13 L 450 mL

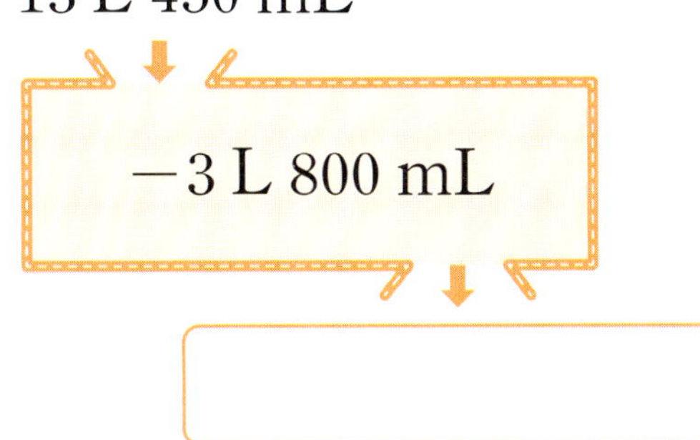

25

영웅이는 물병에 들어 있던 물 3 L 200 mL 중에서 1 L 500 mL를 마셨습니다. 물병에 남은 물은 몇 L 몇 mL인가요?

처음 물병에 들어 있던 물의 양: ☐ L ☐ mL, 마신 물의 양: ☐ L ☐ mL

(물병에 남은 물의 양)＝(처음 물병에 들어 있던 물의 양)−(마신 물의 양)

＝ ☐ L ☐ mL− ☐ L ☐ mL

＝ ☐ L ☐ mL   답 ☐ L ☐ mL

필요한 물의 양 구하기

도영이네 가족이 캠핑을 와서 요리를 하는데 물이 부족하여 식수대에 가서 필요한 양만큼의 물을 떠오려고 합니다. 대화를 읽고 도영이가 떠 와야 하는 물의 양은 몇 L 몇 mL인지 구하고, 4개의 그릇 중에서 식수대에 가져가면 필요한 물을 한 번에 담을 수 없는 것을 모두 찾아 ✕표 하세요.

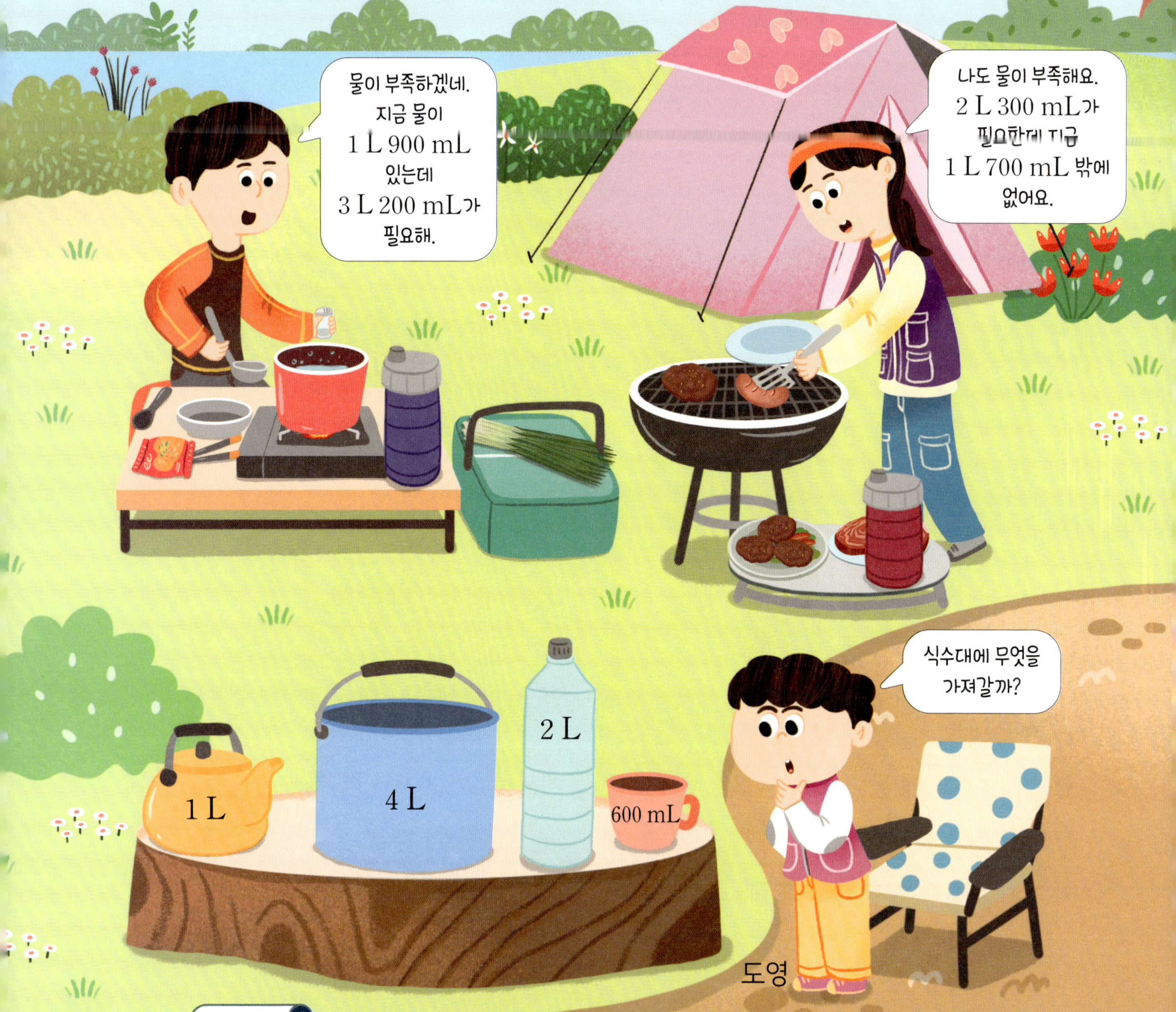

③ 무게의 합

● 3 kg 400 g＋2 kg 900 g을 계산해 볼까요?

① kg은 kg끼리, g은 g끼리 더합니다.
② g끼리의 합이 1000이거나 1000보다 크면 1000 g을 1 kg으로 받아올림합니다.

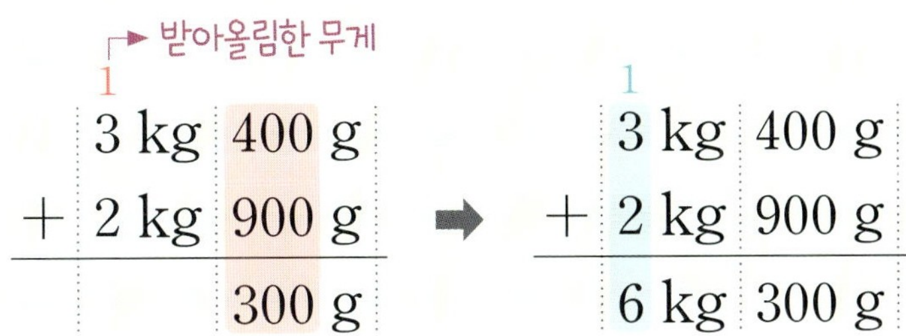

1~6 □ 안에 알맞은 수를 써넣으세요.

1

	kg		g
	3	kg	100	g
+	1	kg	300	g
	□	kg	□	g

4

	1	kg	250	g
+	2	kg	600	g
	□	kg	□	g

2

	6	kg	400	g
+	2	kg	500	g
	□	kg	□	g

5

	4	kg	700	g
+	4	kg	600	g
	□	kg	□	g

3

	4	kg	300	g
+	5	kg	200	g
	□	kg	□	g

6

	5	kg	800	g
+	3	kg	900	g
	□	kg	□	g

7~19 계산을 하세요.

7
$$1 \text{ kg } 100 \text{ g} + 1 \text{ kg } 600 \text{ g}$$

8
$$4 \text{ kg } 200 \text{ g} + 1 \text{ kg } 300 \text{ g}$$

9
$$2 \text{ kg } 550 \text{ g} + 3 \text{ kg } 400 \text{ g}$$

10
$$6 \text{ kg } 700 \text{ g} + 2 \text{ kg } 500 \text{ g}$$

11
$$3 \text{ kg } 900 \text{ g} + 5 \text{ kg } 600 \text{ g}$$

12
$$4 \text{ kg } 750 \text{ g} + 6 \text{ kg } 850 \text{ g}$$

13 $1 \text{ kg } 200 \text{ g} + 2 \text{ kg } 200 \text{ g}$

14 $4 \text{ kg } 100 \text{ g} + 3 \text{ kg } 800 \text{ g}$

15 $3 \text{ kg } 200 \text{ g} + 3 \text{ kg } 450 \text{ g}$

16 $4 \text{ kg } 700 \text{ g} + 1 \text{ kg } 700 \text{ g}$

17 $3 \text{ kg } 300 \text{ g} + 6 \text{ kg } 800 \text{ g}$

18 $4 \text{ kg } 850 \text{ g} + 8 \text{ kg } 600 \text{ g}$

19 $5 \text{ kg } 550 \text{ g} + 7 \text{ kg } 850 \text{ g}$

 빈칸에 알맞은 무게는 몇 kg 몇 g인지 써넣으세요.

 빈칸에 두 무게의 합은 몇 kg 몇 g인지 써넣으세요.

20

+3 kg 100 g

2 kg 600 g

23

3 kg 650 g	5 kg 750 g

21

+2 kg 800 g

4 kg 400 g

24

7 kg 870 g	3 kg 550 g

22

+3 kg 950 g

5 kg 700 g

25

9 kg 780 g	6 kg 460 g

라영이는 종이를 3 kg 900 g 모았고, 유리를 5 kg 300 g 모았습니다. 라영이가 모은 종이와 유리는 모두 몇 kg 몇 g인가요?

모은 종이의 무게: ☐ kg ☐ g, 모은 유리의 무게: ☐ kg ☐ g

(모은 종이와 유리의 무게의 합) = (모은 종이의 무게) + (모은 유리의 무게)

= ☐ kg ☐ g + ☐ kg ☐ g

= ☐ kg ☐ g   답 ☐ kg ☐ g

고기의 무게 구하기

병규와 윤지는 심부름으로 정육점에 고기를 사러 갔습니다. 병규와 윤지가 사야 하는 고기의 무게는 각각 몇 kg 몇 g인지 구하세요.

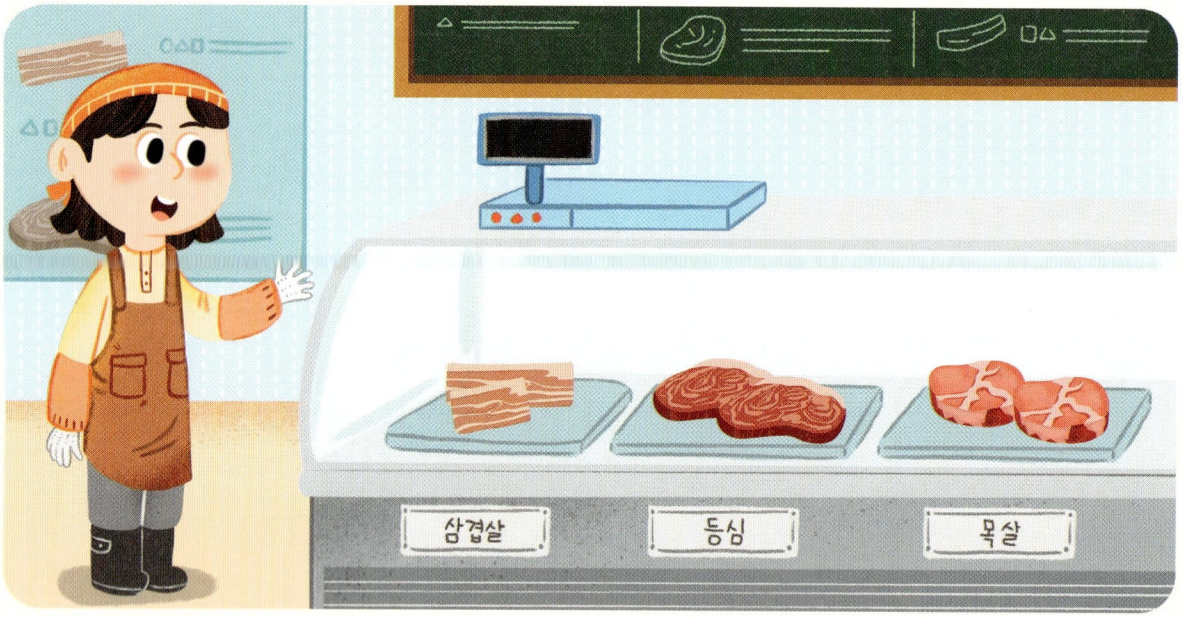

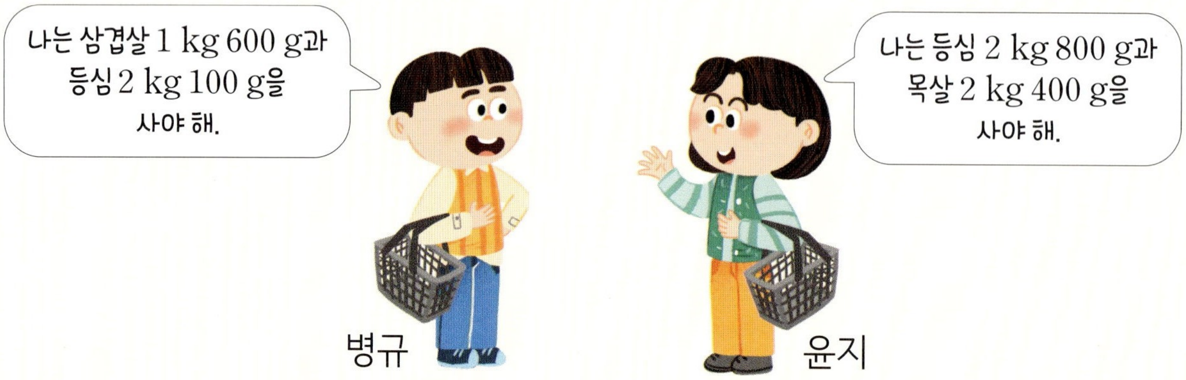

병규가 사야 하는 고기의 무게는
☐ kg ☐ g입니다.

윤지가 사야 하는 고기의 무게는
☐ kg ☐ g입니다.

④ 무게의 차

● 5 kg 500 g − 3 kg 700 g을 계산해 볼까요?

① kg은 kg끼리, g은 g끼리 뺍니다.

② g끼리 뺄 수 없으면 1 kg을 1000 g으로 받아내림합니다.

➡ 받아내림한 무게

	4	1000
	5̶ kg	500 g
−	3 kg	700 g
		800 g

➡

	4	1000
	5̶ kg	500 g
−	3 kg	700 g
	1 kg	800 g

1~6 □ 안에 알맞은 수를 써넣으세요.

1

	4 kg	600 g
−	2 kg	400 g
	□ kg	□ g

4

	8 kg	100 g
−	4 kg	500 g
	□ kg	□ g

2

	6 kg	700 g
−	3 kg	200 g
	□ kg	□ g

5

	9 kg	200 g
−	5 kg	800 g
	□ kg	□ g

3

	7 kg	500 g
−	1 kg	100 g
	□ kg	□ g

6

	13 kg	300 g
−	6 kg	600 g
	□ kg	□ g

7
$$\begin{array}{r} 8 \text{ kg} \quad 200 \text{ g} \\ -\ 3 \text{ kg} \quad 100 \text{ g} \\ \hline \end{array}$$

8
$$\begin{array}{r} 6 \text{ kg} \quad 400 \text{ g} \\ -\ 2 \text{ kg} \quad 200 \text{ g} \\ \hline \end{array}$$

9
$$\begin{array}{r} 9 \text{ kg} \quad 850 \text{ g} \\ -\ 5 \text{ kg} \quad 300 \text{ g} \\ \hline \end{array}$$

10
$$\begin{array}{r} 7 \text{ kg} \quad 200 \text{ g} \\ -\ 4 \text{ kg} \quad 800 \text{ g} \\ \hline \end{array}$$

11
$$\begin{array}{r} 12 \text{ kg} \quad 400 \text{ g} \\ -\ 7 \text{ kg} \quad 550 \text{ g} \\ \hline \end{array}$$

12
$$\begin{array}{r} 14 \text{ kg} \quad 300 \text{ g} \\ -\ 6 \text{ kg} \quad 650 \text{ g} \\ \hline \end{array}$$

13 5 kg 900 g − 3 kg 400 g

14 6 kg 900 g − 5 kg 800 g

15 7 kg 850 g − 2 kg 550 g

16 8 kg 500 g − 4 kg 700 g

17 10 kg 200 g − 2 kg 950 g

18 13 kg 350 g − 7 kg 600 g

19 15 kg 100 g − 6 kg 250 g

20~25 빈칸에 알맞은 무게는 몇 kg 몇 g인지 써넣으세요.

20 4 kg 300 g

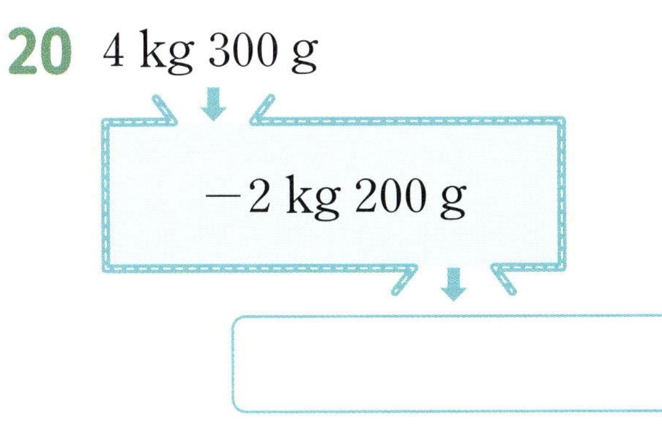

23

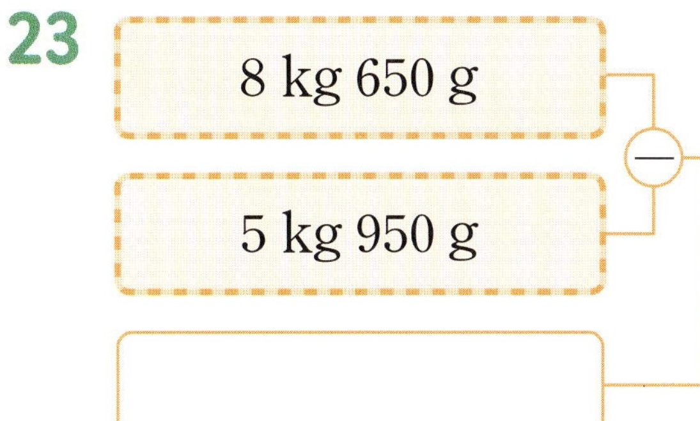

21 6 kg 400 g

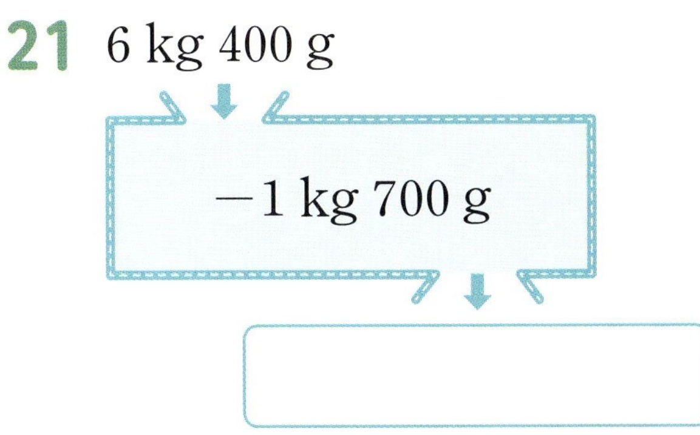

24

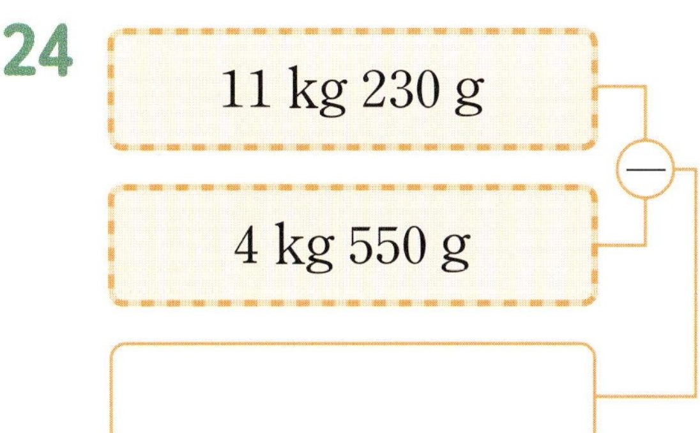

22 9 kg 500 g

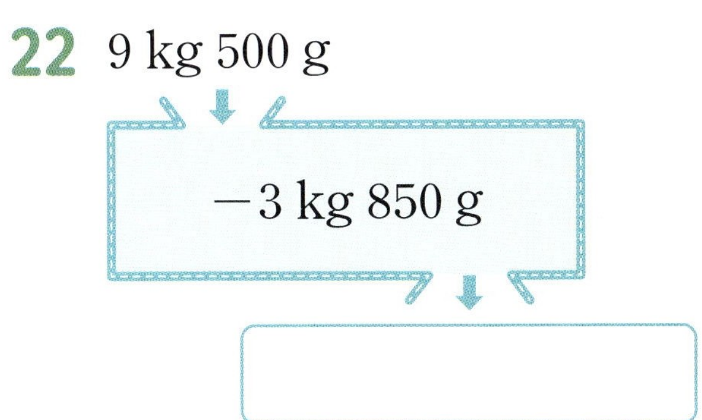

25

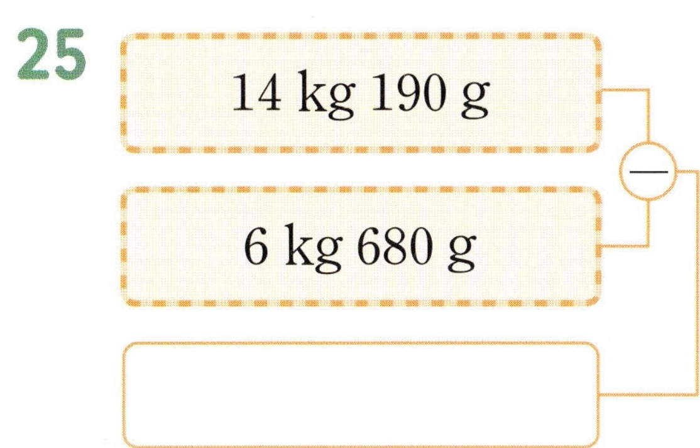

새연이는 시장에서 고구마 7 kg 200 g과 감자 4 kg 900 g을 샀습니다. 새연이가 산 고구마의 무게는 감자의 무게보다 몇 kg 몇 g 더 무거운가요?

산 고구마의 무게: ☐ kg ☐ g, 산 감자의 무게: ☐ kg ☐ g

(산 고구마와 감자의 무게의 차)=(산 고구마의 무게)−(산 감자의 무게)

= ☐ kg ☐ g− ☐ kg ☐ g

= ☐ kg ☐ g   답 ☐ kg ☐ g

일기 완성하기

다음은 소정이가 쓴 일기입니다. 일기를 읽고 □ 안에 알맞은 수를 써넣어 일기를 완성하세요.

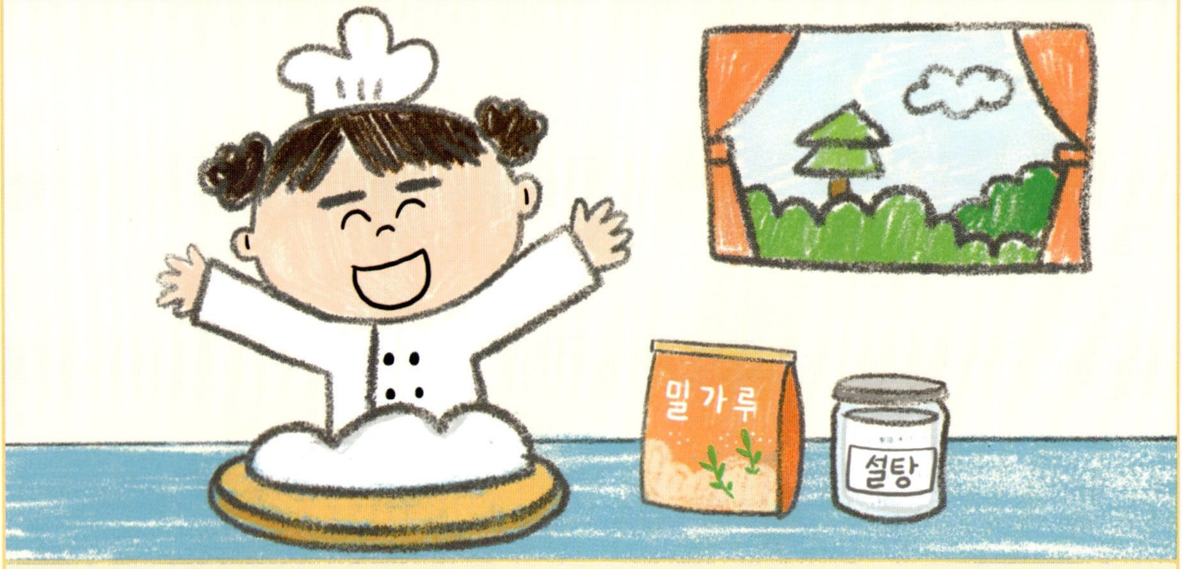

오늘은 내가 좋아하는 빵을 만들었다.

빵을 만들려면 밀가루 5 kg 300 g과 설탕 3 kg이 필요한데 집에는

밀가루 3 kg 200 g과 설탕 1 kg 500 g이 있었다.

밀가루 ☐ kg ☐ g과 설탕 ☐ kg ☐ g이 더 필요해서 시장에 가서

밀가루와 설탕을 더 사 왔다. 내가 만든 빵이 정말 맛있었다.

오늘 나의 실력을 평가해 봐! 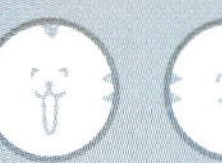   부모님 응원 한마디

📖 교과서 **들이와 무게**

마무리 연산

1~6 계산을 하세요.

1
$$\begin{array}{r} 1\ \text{L}\ \ 250\ \text{mL} \\ +\ 3\ \text{L}\ \ 500\ \text{mL} \\ \hline \end{array}$$

4
$$\begin{array}{r} 7\ \text{kg}\ \ 600\ \text{g} \\ -\ 2\ \text{kg}\ \ 300\ \text{g} \\ \hline \end{array}$$

2
$$\begin{array}{r} 9\ \text{L}\ \ 400\ \text{mL} \\ -\ 6\ \text{L}\ \ 800\ \text{mL} \\ \hline \end{array}$$

5
$$\begin{array}{r} 3\ \text{kg}\ \ 700\ \text{g} \\ +\ 3\ \text{kg}\ \ 400\ \text{g} \\ \hline \end{array}$$

3
$$\begin{array}{r} 4\ \text{L}\ \ 750\ \text{mL} \\ +\ 8\ \text{L}\ \ 900\ \text{mL} \\ \hline \end{array}$$

6
$$\begin{array}{r} 11\ \text{kg}\ \ 350\ \text{g} \\ -\ 5\ \text{kg}\ \ 800\ \text{g} \\ \hline \end{array}$$

7~12 계산을 하세요.

7 6 L 300 mL − 2 L 400 mL

10 8 kg 750 g + 3 kg 200 g

8 4 L 900 mL + 7 L 650 mL

11 9 kg 800 g − 5 kg 570 g

9 7 L 410 mL − 4 L 850 mL

12 6 kg 470 g + 6 kg 930 g

13

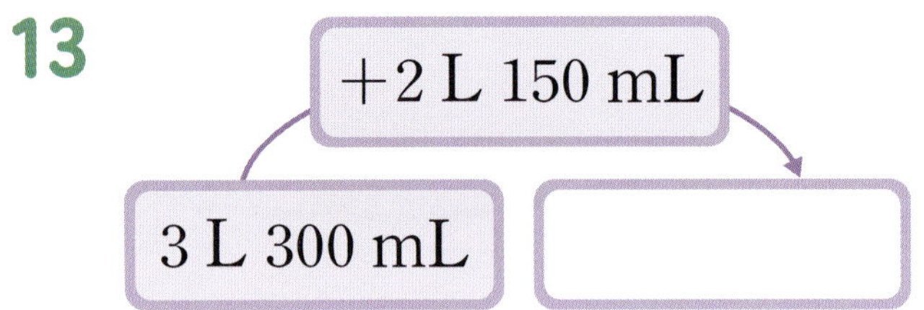

16

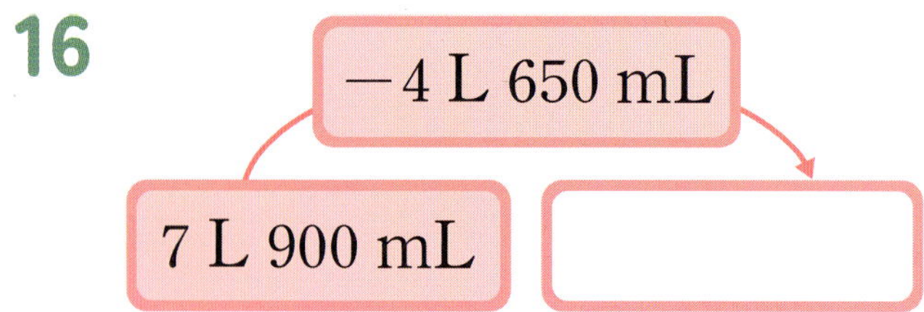

14

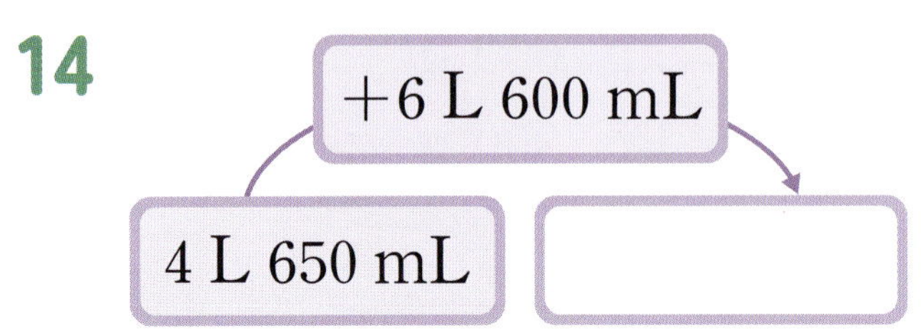

17

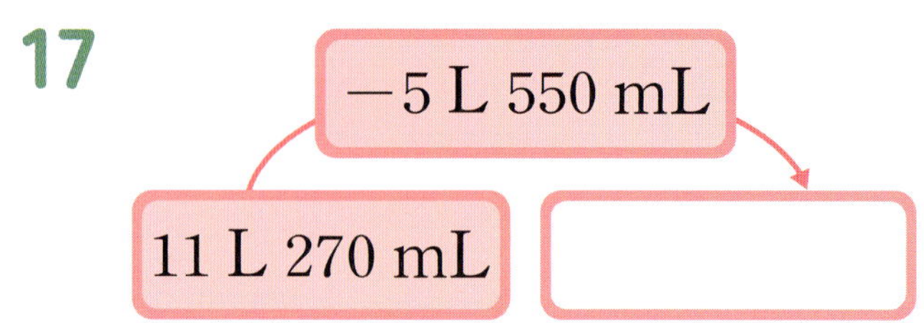

15

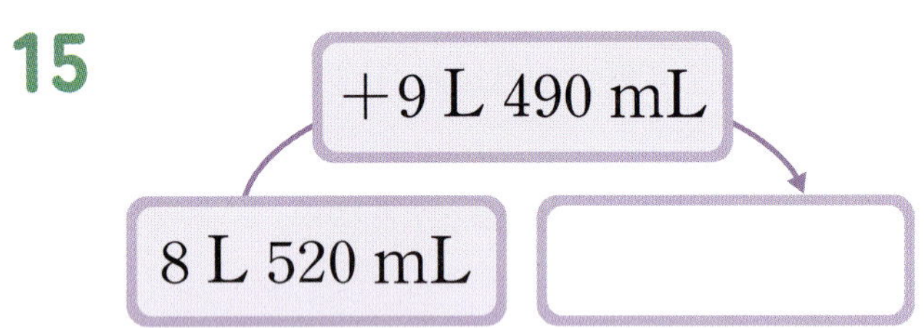

18

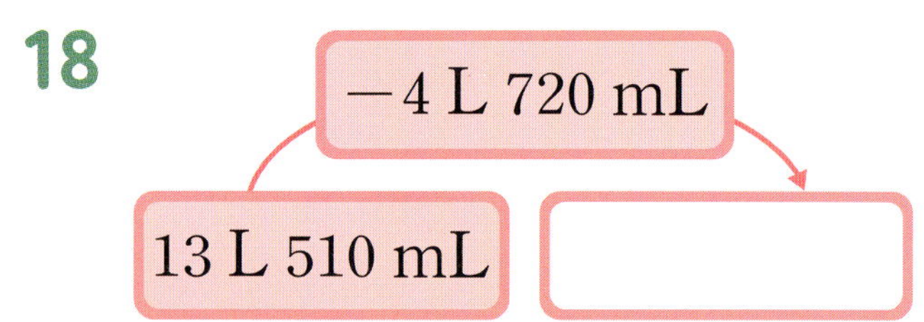

19

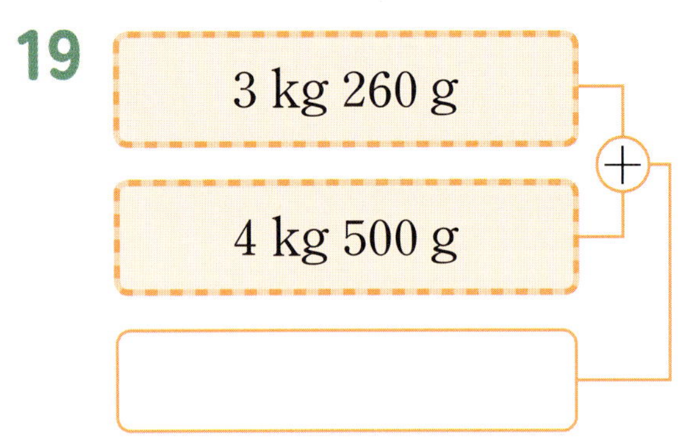

21 12 kg 520 g

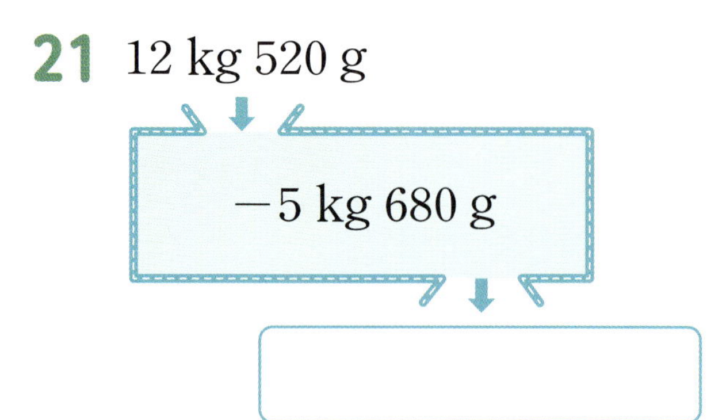

20

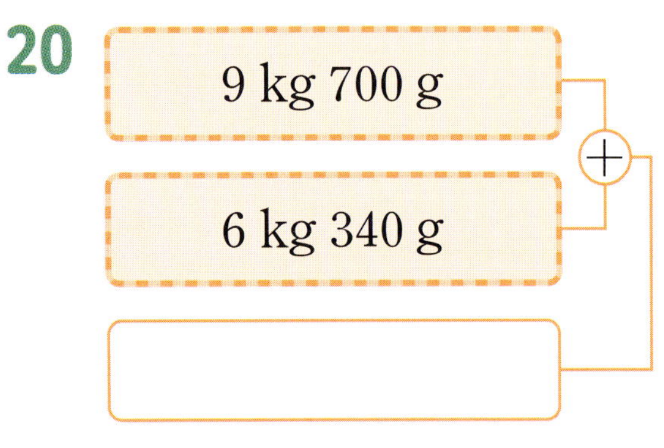

22 17 kg 430 g

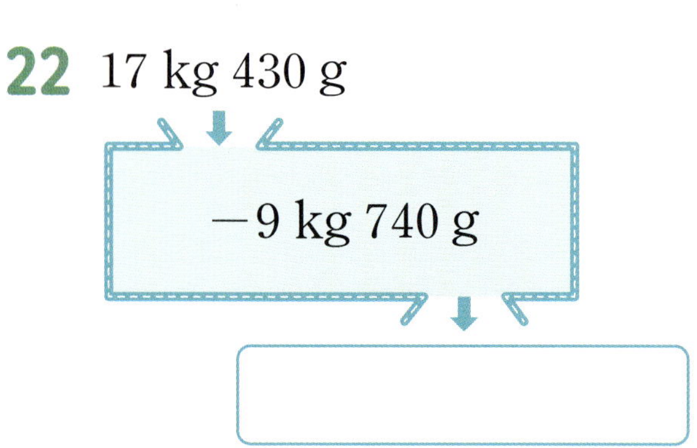

23 두 물통의 들이의 합은 몇 L 몇 mL인지 구하세요.

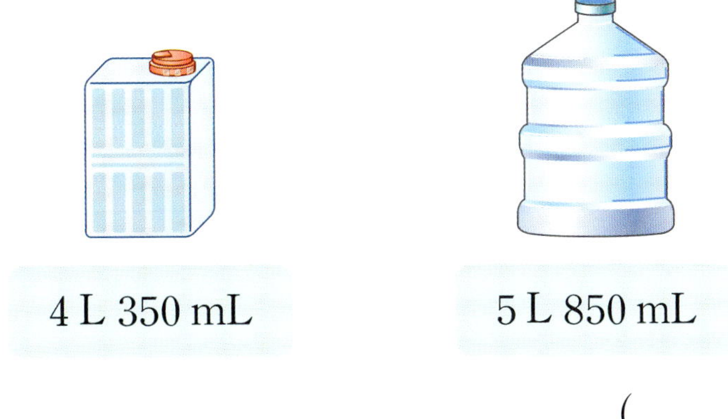

(   )

24 들이가 더 많은 것에 ○표 하세요.

$$3 \text{ L } 400 \text{ mL} + 2 \text{ L } 250 \text{ mL}$$

$$9 \text{ L } 350 \text{ mL} - 4 \text{ L } 400 \text{ mL}$$

(   )   (   )

25 계산 결과가 다른 하나를 찾아 기호를 쓰세요.

㉠ 9 kg 200 g − 3 kg 700 g
㉡ 5 kg 800 g + 1 kg 400 g
㉢ 3 kg 150 g + 2 kg 350 g

(   )

26 가장 무거운 무게와 가장 가벼운 무게의 차는 몇 kg 몇 g인지 구하세요.

5 kg 600 g   2 kg 900 g   8 kg 500 g

(   )

27 휘발유가 2 L 700 mL 들어 있는 자동차에 5 L 900 mL의 휘발유를 더 넣었습니다. 자동차에 들어 있는 휘발유는 모두 몇 L 몇 mL인가요?

식

답

28 들이가 11 L 350 mL인 수조에 물이 4 L 800 mL만큼 들어 있습니다. 이 수조에 물을 가득 채우려면 물을 몇 L 몇 mL 더 부어야 하나요?

식

답

29 딸기 농장에서 딸기를 재형이는 8 kg 500 g 땄고, 여진이는 5 kg 400 g 땄습니다. 재형이와 여진이가 딴 딸기는 모두 몇 kg 몇 g인가요?

식

답

30 강아지의 무게는 7 kg 600 g이고, 고양이의 무게는 3 kg 850 g입니다. 강아지의 무게는 고양이의 무게보다 몇 kg 몇 g 더 무거운가요?

식

답